Ramachandra C G

Introdução à engenharia de manutenção

Ramachandra C G

Introdução à engenharia de manutenção

Manutenção Preventiva, Manutenção Produtiva Total, Manutenção Centrada na Fiabilidade e Monitorização da Condição (Estudo de Caso)

ScienciaScripts

Imprint
Any brand names and product names mentioned in this book are subject to trademark, brand or patent protection and are trademarks or registered trademarks of their respective holders. The use of brand names, product names, common names, trade names, product descriptions etc. even without a particular marking in this work is in no way to be construed to mean that such names may be regarded as unrestricted in respect of trademark and brand protection legislation and could thus be used by anyone.

Cover image: www.ingimage.com

This book is a translation from the original published under ISBN 978-620-8-22393-9.

Publisher:
Sciencia Scripts
is a trademark of
Dodo Books Indian Ocean Ltd. and OmniScriptum S.R.L publishing group

120 High Road, East Finchley, London, N2 9ED, United Kingdom
Str. Armeneasca 28/1, office 1, Chisinau MD-2012, Republic of Moldova, Europe
Printed at: see last page
ISBN: 978-620-8-29765-7

PREFÁCIO

A manutenção pode ser definida como um conjunto de acções que são levadas a cabo para substituir, reparar e reparar um conjunto identificável de componentes de fabrico, de modo a que a fábrica continue a funcionar a um nível de disponibilidade especificado durante um período de tempo especificado. O principal objetivo da manutenção é controlar a disponibilidade. A manutenção de uma máquina significa esforços direcionados para a manutenção e a reparação dessa máquina. Uma vez que a máquina está sujeita a um desgaste contínuo, deve ser dada a devida atenção à proteção da máquina e dos seus componentes através de lubrificação, lubrificação, inspeção atempada e manutenção sistemática, a fim de reduzir os custos de inatividade ou de tempo de paragem. Numa indústria, a maior parte das despesas é geralmente efectuada com homens, material e manutenção. Todas as máquinas necessitam de reparação, mesmo as mais bem concebidas. Por conseguinte, a reparação deve ser efectuada num momento em que não haja interrupções, ou seja, a máquina pode ser reparada quando não está a ser utilizada ou a sua utilização pode ser adiada sem afetar a produção de toda a empresa. Assim, o defeito, se existir, pode ser imediata e facilmente rectificado sem causar grandes danos na fábrica.

Todas as máquinas estão sujeitas a uma deterioração do seu nível de desempenho ao longo do tempo devido ao desgaste, etc. A manutenção é necessária para manter o nível de desempenho a um nível desejável, com a vantagem de novas técnicas de manutenção, a engenharia de manutenção está a ganhar cada vez mais importância nos últimos anos. Verifica-se que a manutenção resulta em economia, aumento da taxa de produção, melhoria do nível de desempenho e redução da probabilidade de acidentes.

Atualmente, com o desenvolvimento de máquinas sofisticadas e para fins específicos, os custos de equipamento e maquinaria são mais elevados e o seu tempo de inatividade é muito mais dispendioso. Os elevados custos de manutenção e tempo de inatividade tornaram a manutenção um fator crítico em qualquer indústria moderna. A importância da manutenção não é tão facilmente vista como a da produção, mas, no entanto, a sua função é igualmente importante para o bem-estar contínuo da indústria...

Este livro, "Introdução à Engenharia de Manutenção", abrange os fundamentos da Engenharia de Manutenção, tais como as principais causas da má manutenção, objectivos e benefícios da manutenção, várias estratégias de manutenção, como a Manutenção Preventiva, a Manutenção Produtiva Total, a Manutenção Centrada na Fiabilidade e a Monitorização da Condição, com estudos de casos. Também a importância da fiabilidade, disponibilidade e capacidade de manutenção. Este livro tem como objetivo fazer com que os estudantes/leitores sintam e apreciem a essência da Engenharia de Manutenção. Para o conseguir, prestei a devida atenção à apresentação do tema de uma forma simples e fácil de compreender. Os diagramas são simples e auto-explicativos. Expresso a minha gratidão a todos os autores de vários livros, artigos, sítios da Internet e outra literatura que foram referidos neste livro. Também foi feito um grande esforço para explicar os conceitos numa linguagem simples e fácil de compreender.

O livro está organizado em 7 capítulos. Cada capítulo inclui um número adequado de ilustrações. Espero que este livro seja útil tanto para os estudantes como para os professores.

Tive o maior cuidado em evitar erros de impressão e erros. No entanto, é difícil pretender a perfeição. Peço a todos os leitores que enviem os seus comentários e sugestões, juntamente com o seu endereço eletrónico, para melhorar ainda mais o livro.

Correio eletrónico: dr.ramachandracg@gmail.com

Dr. Ramachandra C G

AGRADECIMENTOS

Quero exprimir o meu sincero e profundo reconhecimento às pessoas que me ajudaram a completar este livro de texto. É meu dever reconhecê-las.

A força motriz por detrás de todas as minhas realizações na vida é o incentivo constante dos meus queridos pais durante a preparação deste livro. Gostaria de lhes apresentar as minhas respeitosas saudações e os meus sinceros agradecimentos por me terem apoiado em todos os meus objectivos.

Os meus agradecimentos aos funcionários principais e a todo o pessoal docente e não docente da Universidade da Presidência, em Bengaluru, pelo incentivo dado para a preparação do livro.

Agradeço aos meus alunos, cuja necessidade de um bom livro me fez concentrar mais na preparação do livro, sem os quais este não poderia ter tomado a forma atual.

Agradeço a todos os académicos o apoio, a ajuda constante, o encorajamento e as discussões que me permitiram concluir este livro com êxito.

Agradeço a todos os meus amigos e familiares que me ajudaram direta ou indiretamente na realização do meu trabalho de investigação

Espero receber o mesmo apoio e encorajamento também no futuro.

Dr. Ramachandra C G

SOBRE O AUTOR

- Profissional académico com 24 anos de experiência em Académica e Formação, Investigação e Desenvolvimento e Administração Académica com B.E., M.Tech., Ph.D., Post-Doc., Qualificação.
- Detém o recorde mundial do Guinness para o "Livro mais espesso do mundo", com 5,8 metros (19 pés e 0,34 polegadas) e 1.00.100 páginas de contribuição como autor para o livro intitulado World 2023 (Wide Outcomes on Research & Latest Development) publicado pela ESN Publications (Research & Development) e pela LOSD (London Organization of Skills Development) com ISBN-978-93-95196-75-8
- Recebeu 8 patentes.
- Recebeu 18 prémios de excelência académica dos organismos profissionais nacionais e internacionais.
- Escrevi 22 livros sobre vários temas da minha especialidade.
- Publicou 24 capítulos de livros em editoras de renome.
- Publicou 120 artigos em revistas nacionais e internacionais de renome.
- Apresentou 124 comunicações em conferências internacionais/nacionais.
- Membro do Conselho Editorial de 97 revistas internacionais/nacionais de renome.
- Membro do comité de revisores de 35 revistas internacionais/nacionais de renome.
- Membro do Comité Executivo Global, do Comité Científico Internacional, do Comité Consultivo e do Comité Organizador de várias conferências internacionais.
- Membro de 55 Comités Consultivos Internacionais / Nacionais.
- Membro vitalício de 32 sociedades profissionais nacionais e internacionais.
- Participou em muitas conferências internacionais/nacionais e programas de desenvolvimento do corpo docente como convidado, convidado de honra, membro do júri, presidente de sessão, orador, etc.
- Participou e organizou muitos Workshops / Programas de Desenvolvimento de Docentes / Seminários / Conferências.
- Proferiu muitas palestras técnicas e discursos de abertura em conferências internacionais/nacionais e em programas de desenvolvimento do corpo docente
- Guia de doutoramento - Universidade da Presidência, Bengaluru e Universidade Tecnológica de Visvesvaraya, Belagavi. Orientou 9 bolseiros de doutoramento e, atualmente, 4 candidatos estão a fazer investigação. Orientou muitos projectos académicos UG e PG

ÍNDICE

Capítulo - 1

INTRODUÇÃO À MANUTENÇÃO

1.1 Introdução

A manutenção pode ser definida como um conjunto de acções que são levadas a cabo para substituir, reparar e reparar um conjunto identificável de componentes de fabrico, de modo a que a fábrica continue a funcionar com um nível de disponibilidade especificado durante um período de tempo especificado. O principal objetivo da manutenção é controlar a disponibilidade. A manutenção de uma máquina significa esforços direcionados para a manutenção e a reparação dessa máquina. Uma vez que a máquina está sujeita a um desgaste contínuo, deve ser dada a devida atenção à proteção da máquina e dos seus componentes através de lubrificação, lubrificação, inspeção atempada e manutenção sistemática, a fim de reduzir os custos de inatividade ou de tempo de paragem. Numa indústria, a maior parte das despesas é geralmente efectuada com homens, material e manutenção. Todas as máquinas necessitam de reparação, mesmo as mais bem concebidas. Por conseguinte, a reparação deve ser efectuada num momento em que não haja interrupções, ou seja, a máquina pode ser reparada quando não está a ser utilizada ou a sua utilização pode ser adiada sem afetar a produção de toda a empresa. Assim, o defeito, se existir, pode ser imediata e facilmente rectificado sem causar grandes danos na fábrica.

1.2 Causas de uma manutenção deficiente

- Aumento do tempo de inatividade.
- Má eficiência.
- Deterioração do equipamento.
- Má qualidade do produto.
- Custo de mão de obra mais elevado.
- Perda de material em processo.
- Custo de produção elevado.
- Riscos acrescidos.

1.3 Objectivos da manutenção

A manutenção tem um papel importante nas indústrias de engenharia, embora não seja um grupo de alto perfil de qualquer indústria, tem um estatuto especial na indústria devido à sua contribuição para a produtividade como um todo.

Em termos gerais, os objectivos da manutenção podem ser classificados da seguinte forma

1. Objectivos operacionais.
2. Objectivos de custo.

1. Objectivos operacionais

Os diferentes objectivos operacionais são os seguintes,

- Manter as instalações da fábrica, os equipamentos, as máquinas-ferramentas, etc., em condições de trabalho óptimas ou aceitáveis.
- Para garantir a máxima disponibilidade da fábrica.
- Assegurar a exatidão das especificações dos produtos e cumprir o calendário de entrega.
- Reduzir ao mínimo o tempo de paragem das máquinas, ou seja, ter o controlo do programa de produção.
- Prolongar a vida útil da fábrica, das instalações e das máquinas, mantendo o nível de precisão aceitável.
- Para garantir um funcionamento seguro e eficaz.
- Modificar a maquinaria ou o equipamento para satisfazer as necessidades acrescidas de produção.

2. Objectivos de custo

Os vários objectivos de custo são os seguintes,

- Minimizar as despesas de funcionamento e maximizar os lucros.
- Evitar ou adiar despesas avultadas relacionadas com a substituição de máquinas e equipamentos.
- Gerir o serviço dentro dos limites do orçamento.
- Reduzir o custo de manutenção, o que leva a uma redução das despesas gerais da fábrica.
- Elaborar o orçamento em função dos investimentos e das regras de produção.

A relação entre os objectivos de manutenção e os objectivos de produção [50] reflecte-se na ação de manter as máquinas e instalações de produção nas melhores condições possíveis.

- Maximizar a produção ou aumentar a disponibilidade das instalações ao mais baixo custo e com os mais elevados padrões de qualidade e segurança.
- Reduzir as avarias e as paragens de emergência.
- Otimização da utilização dos recursos.
- Reduzir o tempo de inatividade.
- Melhorar o controlo das existências de peças sobressalentes.
- Melhorar a eficiência do equipamento e reduzir a taxa de refugo.
- Minimizar a utilização de energia.
- Otimizar a vida útil dos equipamentos.
- Proporcionar um controlo fiável dos custos e do orçamento.
- Identificar e aplicar reduções de custos.

1.4 Vantagens da manutenção correta

Os benefícios obtidos com a boa manutenção são os seguintes

1. Benefícios financeiros.

- Prolongamento da vida vegetal.
- Produção ininterrupta.
- Melhor qualidade do produto e aumento das vendas.
- Redução dos atrasos na produção.
- Redução dos custos de reparação.
- Menos tempo de espera e peças sobresselentes.
- Melhoria da substituição do equipamento.

2. Considerações de carácter humano.

- Maior segurança.
- Melhor manutenção da casa.
- Menos conflitos e melhores relações.

3. Benefícios organizacionais.

- Melhor coordenação entre a produção e a manutenção.
- Melhor planeamento dos recursos humanos.
- Melhor planeamento das entregas.

Um procedimento de manutenção sistemático oferece enormes possibilidades de poupança em termos de custos, material, etc. Os benefícios obtidos com uma boa manutenção são os seguintes

- Redução do tempo de paragem.
- Redução das perdas de material em processo.
- Aumento da vida útil do equipamento.
- Redução das horas extraordinárias.
- Inventário de peças sobressalentes optimizado.
- Substituição atempada de peças sobressalentes e máquinas.
- Manutenção da qualidade dos produtos.
- Funcionamento correto do equipamento.
- Custo operacional ótimo das máquinas.

1.5 Gestão da manutenção

A gestão da manutenção pode ser definida como a gestão das actividades de manutenção. É também considerada como a direção e a organização dos recursos, a fim de controlar a disponibilidade e o desempenho das instalações industriais até um determinado nível. É a arte e a ciência de executar as actividades de manutenção de uma forma eficiente. As actividades de manutenção são um fator de custo importante na maioria das indústrias, afectando o retorno do capital e a produção ao longo de todo o processo. Um bom sistema de gestão da manutenção disponibiliza equipamento e instalações. As etapas fundamentais do programa de gestão da manutenção são apresentadas na figura 1.1.

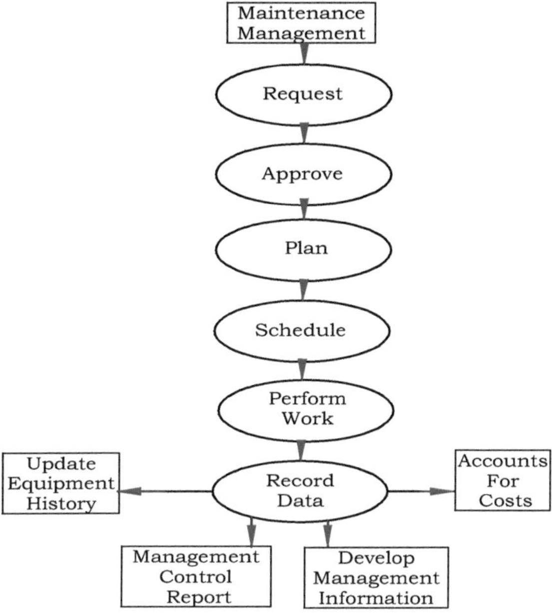

Figura 1.1 Gestão da manutenção

1. Pedido: O pedido de execução de trabalhos de manutenção pode ser transmitido de diferentes formas, ou seja, verbalmente, por telefone ou por escrito.

2. Aprovar: Os trabalhos simples podem ser tratados pelo responsável pela manutenção. Quando se trata de grandes despesas, podem ser necessários vários níveis de aprovação da direção.

3. Planear: O planeador elabora uma ordem de trabalho. Nos grandes projectos, o planeador pode seguir o método do caminho crítico, detalhando todos os passos, procedimentos e instruções para a execução do plano.

4. Horário: O calendário implica

- **Prioridade:** Podem ser utilizados códigos de prioridade baseados em critérios estabelecidos ou na importância do equipamento e no tipo de trabalho a efetuar.
- **Atribuição de tarefas:** Pode ser feita por ordem de chegada ou refletir requisitos de competências e estimativas de tempo como parte de um plano de programação de mão de obra.

5. Executar o trabalho: Esta etapa implica que o artesão trabalhe com base em poucas ou nenhumas instruções ou num procedimento pormenorizado.

6. Registo de dados: O registo de dados pode variar entre a simples listagem das horas efectivas e a manutenção de registos exaustivos dos encargos com materiais, identificação do equipamento, trabalho atribuído e executado e outros dados pertinentes.

7. Contabilidade dos custos: É importante saber onde e para que está a ser gasto o dinheiro. Isto inclui o custo dos ensaios, o custo da recalibração, etc.

8. Desenvolver informação de gestão: Trata-se de fornecer factos sobre o trabalho em curso, incluindo custos, dados acumulados, identificação de equipamentos, produtividade, orçamentos e programação.

9. Atualizar o histórico do equipamento: Os registos do histórico podem variar entre poucos ou nenhuns dados e a atualização em linha de todo o equipamento, mostrando a utilização, o tempo de inatividade e os custos de mão de obra e material de manutenção de cada equipamento.

10. Relatórios de controlo de gestão: À medida que a informação de gestão é desenvolvida, podem ser gerados regularmente relatórios de controlo, abrangendo despesas, desempenho, tempo de inatividade logística, atrasos, dados sobre o equipamento, etc., para resumir os resultados da função de manutenção.

A gestão da manutenção deve ser eficaz para que não se registe qualquer perda de produção devido à manutenção. Para que o sistema de manutenção seja eficaz, é essencial manter um registo de todas as informações relacionadas com a manutenção e utilizá-las para uma melhor tomada de decisões. O objetivo do sistema de informação de gestão da manutenção é fornecer informações atempadas e precisas que ajudem a gestão a planear, organizar, orçamentar, dirigir e controlar a atividade de manutenção da fábrica. Os computadores modernos oferecem a capacidade de manter registos precisos, actualizá-los instantaneamente com as informações mais recentes e efetuar cálculos precisos mais rapidamente do que o ser humano.

1.6 Estratégias de manutenção

Com o desenvolvimento de novas técnicas de fabrico e de máquinas sofisticadas, a função de manutenção é pressionada a atualizar a sua tecnologia para se adaptar às rápidas mudanças que ocorrem no sistema de fabrico e para ultrapassar as deficiências das técnicas anteriores, a fim de evitar o custo da perda de produção, o custo da mão de obra e das peças sobresselentes.

Os factores que influenciam diretamente o desenvolvimento da tecnologia de manutenção são os seguintes

- Requisitos de fiabilidade.
- Custos do ciclo de vida.
- Qualidade.
- Economia.

As necessidades do homem e da sociedade, a energia ambiental e as matérias-primas têm uma influência direta no desenvolvimento das tecnologias de equipamento.

Os diferentes tipos de estratégias de manutenção são seguidos em diferentes fábricas, dependendo da dimensão da fábrica, do equipamento, das políticas de gestão do capital investido, etc. As diferentes estratégias de manutenção são as seguintes

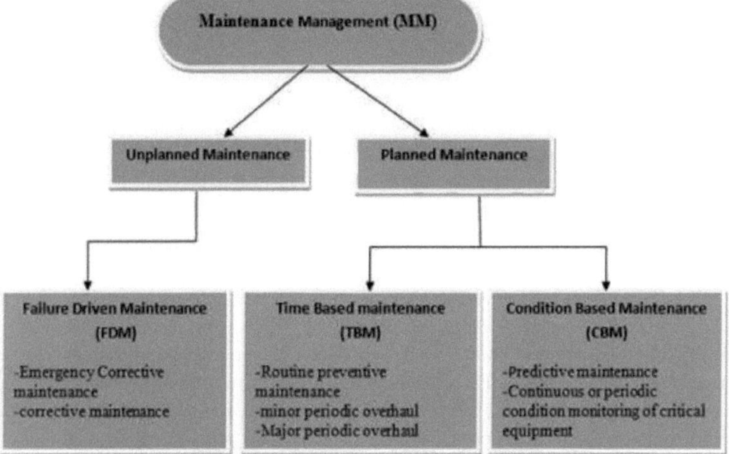

A figura 1.2 apresenta várias técnicas de gestão da manutenção.

1. Manutenção de avarias
2. Manutenção corretiva
3. Manutenção Preventiva (PM)
4. Manutenção Preditiva
5. Manutenção programada
6. Manutenção baseada na condição
7. Manutenção zero horas (revisão)
8. Manutenção baseada no tempo TBM
9. Manutenção Produtiva Total (TPM)
10. Manutenção centrada na fiabilidade (RCM)
11. Produção enxuta
12. Seis Sigma
13. Gestão de activos
14. Gestão da qualidade total (TQM)
15. TRIZ
16. Manutenção baseada no risco (RBM)

1. Manutenção de avarias (reactiva)

A manutenção de avarias (manutenção reactiva) é a manutenção efectuada num equipamento que sofreu uma avaria e está inoperacional. Baseia-se num sinal de falha de manutenção. As manutenções de avarias são manutenções "run-to-fail", em que a empresa determinou que a alternativa mais económica e menos perturbadora é exigir que um equipamento seja avariado antes de entrar em funcionamento. A manutenção não planeada de avarias requer manutenção preventiva e manutenção reactiva. A manutenção corretiva é efectuada quando se verifica um atraso durante a manutenção preventiva planeada. A manutenção reactiva é realizada quando ocorre uma avaria porque ainda não foi implementado um plano de reparação.

2. Manutenção corretiva

A manutenção corretiva pode ser definida como uma função de manutenção destinada a reconhecer, eliminar e corrigir um erro, de modo a que a máquina, o sistema ou o recurso avariado possa ser reposto em condições de funcionamento dentro das especificações ou restrições especificadas para as actividades em serviço. É efectuada após a identificação da avaria e tem por objetivo repor o recurso nas condições em que pode desempenhar a função prevista.

3. Manutenção preventiva

A manutenção preventiva aplica-se à manutenção de rotina para manter a maquinaria a funcionar, bem como para evitar qualquer tempo de inatividade inesperado ou encargos dispendiosos decorrentes de uma falha mecânica não intencional. Para tal, é necessário preparar e programar cuidadosamente a manutenção do equipamento antes da ocorrência do problema real, bem como manter registos precisos das inspecções anteriores e dos relatórios de serviço. A manutenção preventiva inclui um exame regular da máquina, em que os problemas significativos são identificados e rectificados de modo a evitar a falha do equipamento. Em termos práticos, os calendários de manutenção preventiva podem também incluir actividades como limpeza, lubrificação, ajustes, mudanças de óleo, reparações, substituição de peças, inspeção e revisões parciais ou completas que são programadas por rotina. A Figura 1.3 mostra os principais elementos da manutenção preventiva.

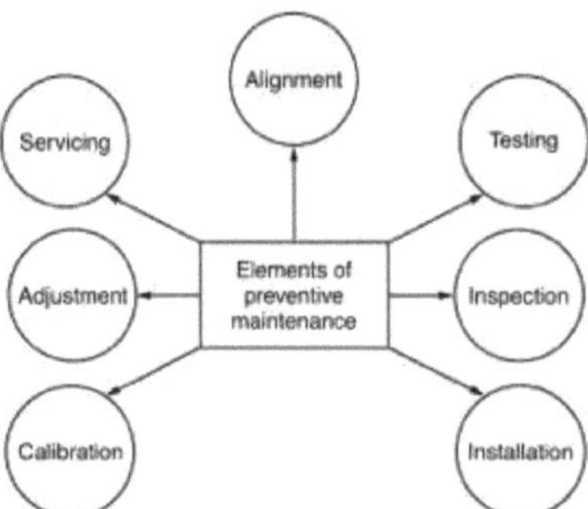

Figura 1.3 Elementos da manutenção preventiva

Os benefícios da Manutenção Preventiva incluem:

- Redução do tempo de paragem da produção.
- Menos equipamento de reserva.
- Menos despesas com reparações e menos horas extraordinárias pagas ao pessoal de manutenção.
- Armazenamento de menos peças sobressalentes.
- Aumento da vida útil do equipamento.
- Maior segurança para o equipamento e para os trabalhadores.

- Redução dos acidentes e dos riscos.
- Melhor qualidade do produto e menos rejeições.
- Redução do tempo de inatividade não planeado devido a falhas mecânicas.
- Menos falhas nas actividades do dia a dia.
- Reparações acessíveis devido a falhas imprevistas do equipamento que têm de ser resolvidas rapidamente.
- Diminuição da probabilidade de acidente

4. Manutenção Preditiva

Os procedimentos de manutenção preditiva destinam-se a avaliar o estado dos dispositivos em serviço, a fim de antecipar o momento em que a manutenção deve ser efectuada. Esta estratégia oferece reduções de custos em relação à manutenção preventiva regular ou baseada no tempo, uma vez que as actividades são realizadas quando são necessárias.

O principal objetivo da manutenção preditiva é apenas permitir uma programação fácil da manutenção corretiva e evitar falhas acidentais do sistema. O segredo é "a informação certa no momento certo". A manutenção pode ser mais bem estruturada se se souber quais as máquinas que necessitam de manutenção. Alguns benefícios potenciais incluem uma maior longevidade do equipamento, uma maior segurança das instalações, menos acidentes com impactos adversos no ambiente e um manuseamento optimizado das peças sobressalentes.

5. Manutenção planeada ou programada

Os intervalos de programação permitem determinar quando e com que frequência uma atividade de Manutenção Preventiva (PM) será realizada. A utilização local e as condições ambientais, bem como as recomendações do fabricante, devem ser tidas em conta ao estabelecer os calendários de PM. As actividades típicas de manutenção reactiva, planeada e baseada na condição são apresentadas na figura 1.4.

Normalmente, as empresas e agências indicam que o calendário do seu programa PM é determinado por:

- Recomendações dos fabricantes para as inspecções de manutenção de rotina.
- Indicadores incrementais, como a quilometragem, o tempo decorrido, as horas do motor ou o consumo de combustível.
- Níveis de serviço para determinar o que será inspeccionado e que tarefas de manutenção serão realizadas em vários intervalos de serviço (para além das tarefas gerais de rotina; também pode ser suficientemente sofisticado para a programação de PM não normal, por exemplo, substituição de pastilhas de travão, etc.); e Disponibilidade do técnico, designação da oficina e conveniência do utilizador.
- Ajustamentos do calendário - aumento ou redução dos intervalos, com base em experiências particulares devido a uma utilização específica e à disponibilidade de equipamento, etc.

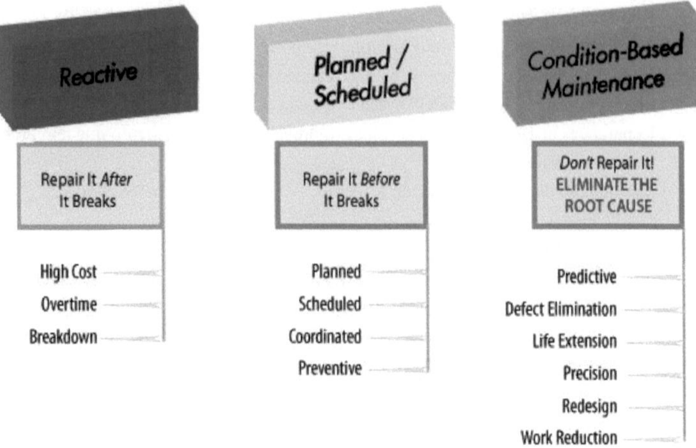

Figura 1.4 Princípio da manutenção reactiva, programada e baseada na condição

6. Manutenção baseada na condição (CBM)

A Monitorização Baseada na Condição (CBM) é um processo de manutenção preditiva que inclui a utilização de sensores para monitorizar o estado de um recurso durante um período de tempo em que está em funcionamento. O princípio da manutenção baseada na condição é apresentado na figura 1.5. A informação recolhida pode também ser utilizada para avaliar padrões, prever catástrofes e medir a vida útil restante do equipamento. Com a manutenção baseada nas condições, a manutenção só é efectuada se os dados mostrarem que o desempenho está a deteriorar-se ou que é provável que ocorra uma falha, e não a intervalos definidos, como acontece com a manutenção preventiva.

O CBM tem uma série de vantagens. Funciona enquanto o equipamento está a ser utilizado e, por conseguinte, não interrompe o funcionamento do equipamento. Isto pode ajudar a garantir a fiabilidade das instalações, bem como a saúde do pessoal, minimizar as taxas de avaria e o tempo de inatividade não programado. Uma vez que as operações de manutenção são planeadas com antecedência, a MFC parece ser menos dispendiosa do que a manutenção preventiva.

Esta abordagem tem alguns inconvenientes. A instalação dos dispositivos utilizados para monitorizar o equipamento de medição do contorno pode ser dispendiosa. Os funcionários devem ser instruídos para utilizar as ferramentas de CBM de forma eficiente. Além disso, os sensores utilizados podem não funcionar em ambientes operacionais mais severos e podem ter dificuldade em detetar danos por fadiga.

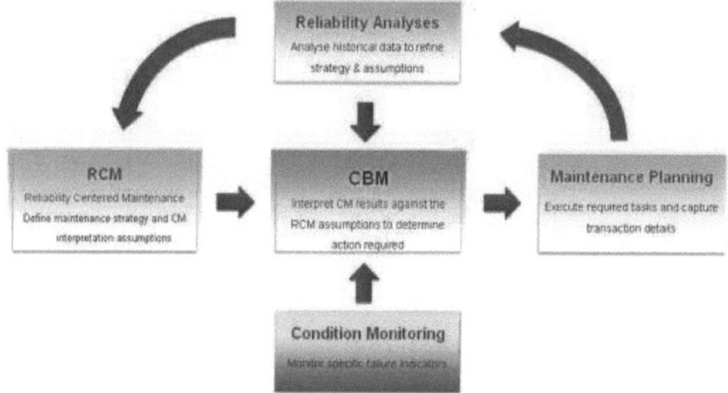

Figura 1.5 Princípio da manutenção baseada na condição

7. Manutenção zero horas (revisão geral)

A análise tem como objetivo manter as instalações com zero horas de funcionamento, ou seja, como se os equipamentos fossem novos. Todos os elementos sujeitos a danos serão substituídos e reparados por estas análises. A prioridade é garantir, com elevada probabilidade, um melhor tempo de funcionamento antecipado.

8. Manutenção baseada no tempo (TBM)

A manutenção baseada no tempo (TBM) é a manutenção efectuada de acordo com um calendário regular. A manutenção TBM é uma manutenção planeada, uma vez que tem de ser planeada com bastante antecedência, o que indica que pode ser utilizada tanto para a manutenção preditiva como para a manutenção preventiva.

Espera-se que a TBM implemente um plano de manutenção para o componente ou conjunto, incluindo inspecções e reparações regulares. Os planos de manutenção baseados no tempo são uma forma ideal de gerir os bens que podem ser mantidos de forma consistente num calendário baseado no tempo, ou seja, diário, mensal ou sazonal.

9. Manutenção Produtiva Total (TPM)

A Manutenção Produtiva Total (MPT) é um processo que assenta na premissa de que todas as pessoas da instalação devem estar interessadas na manutenção e não apenas a equipa de manutenção. Esta estratégia incorpora os conhecimentos de todo o pessoal e visa integrar a manutenção no funcionamento quotidiano das instalações.

A TPM assenta na base dos "5S", apoiada em oito pilares, como se mostra na figura 1.6. O início do programa TPM centrar-se-á no estabelecimento da base 5S e no desenvolvimento de um processo de manutenção autónomo. Deste modo, liberta os trabalhadores da manutenção para iniciarem projectos maiores e efectuarem uma manutenção mais planeada.

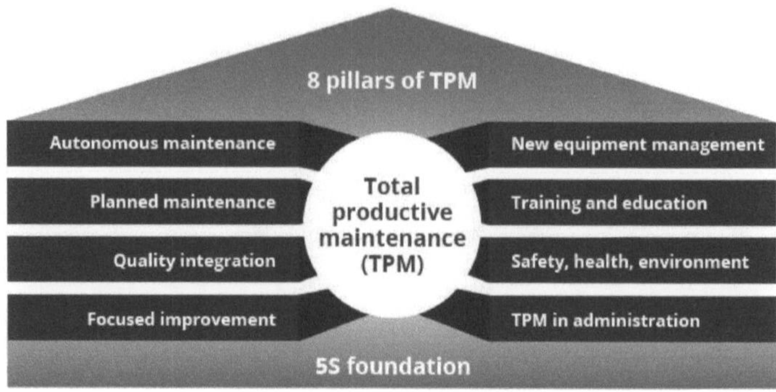

Figura 1.6 Os oito pilares do TPM

10. Manutenção centrada na fiabilidade (RCM)

A manutenção centrada na fiabilidade (RCM) é um sistema que garante que as actividades de manutenção são realizadas de forma eficiente, económica, precisa e segura. A etapa básica da manutenção centrada na fiabilidade é apresentada na figura 1.7.

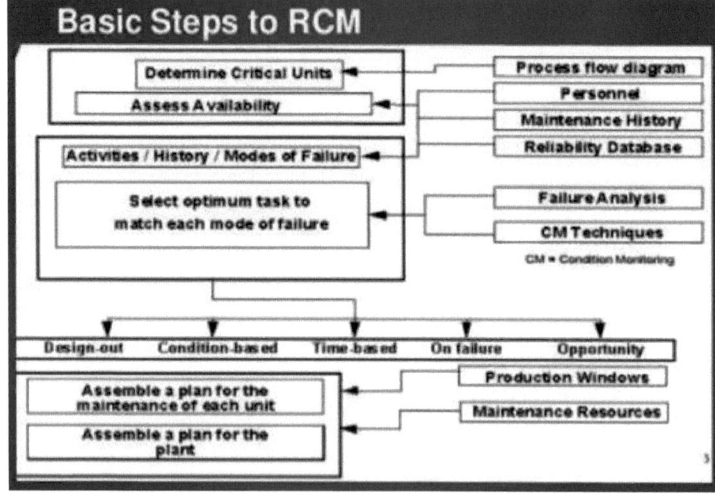

Figura 1.7 Etapas básicas da manutenção centrada na fiabilidade

As actividades de manutenção podem ser corretivas, preditivas ou inspecções não destrutivas para detetar e monitorizar falhas. A RCM é uma componente de um programa abrangente de gestão da integridade dos activos do princípio ao fim. Além disso, um programa RCM ativo é aquele que documenta todo o processo para cada recurso da instalação ao longo do ciclo de vida do sistema, equipamento ou produto. O objetivo da RCM é assegurar que as actividades de reparação e inspeção se concentram em garantir a qualidade e a segurança do equipamento.

11. Fabrico enxuto

O Lean Manufacturing consiste basicamente em alcançar a excelência na produção e o valor para o cliente com menos recursos e minimizando todos os tipos de desperdício. Embora os princípios Lean (como se mostra na figura 1.8) tenham as suas raízes no fabrico, verificou-se que se aplicam universalmente. O nosso desafio consiste em traduzi-los, adaptá-los e aplicá-los à nossa situação específica

A Figura 1.8 mostra os Princípios Lean

Porquê o Lean Manufacturing?

- A nova economia
- Antigamente, as empresas podiam fixar os seus preços de acordo com a seguinte fórmula.
- Custo + Margem de lucro = Preço
- O departamento de contabilidade determinaria o custo com base nos princípios da contabilidade de custos e seria acrescentada uma margem de lucro típica do sector. O preço seria transferido para o cliente que, na maioria das vezes, o pagaria.
- Isto já não é verdade. A equação do lucro é agora a seguinte.
- Preço (fixo) - Custo = Lucro
- Na maioria dos sectores, o preço é fixo (ou está a baixar). Os clientes são mais poderosos do que nunca. Têm uma grande variedade de escolhas, um acesso sem precedentes à informação e exigem uma qualidade excelente a um preço razoável.
- Num tal ambiente, a única forma de aumentar os lucros é reduzir os custos. O grande desafio do século XXI não é a tecnologia da informação. É a redução de custos.

Mas temos de reduzir os custos sem o fazer:

- Dizimando os membros da nossa equipa.
- Canibalizando os nossos orçamentos de manutenção.
- Enfraquecendo a nossa empresa a longo prazo.

De facto, a única forma sustentável de reduzir os custos é envolver os membros da equipa na melhoria. Como motivar o envolvimento? Como conquistar os corações e as mentes das pessoas?

O sistema Toyota ataca implacavelmente o Muda (desperdício) ao envolver os membros da equipa em actividades de melhoria partilhadas e padronizadas. Segue-se um ciclo virtuoso: Quanto mais os membros da equipa estão envolvidos, mais sucesso têm. Quanto maior for o sucesso, maiores serão as recompensas intrínsecas e extrínsecas, o que estimula um maior envolvimento. E assim por diante.

Os benefícios vão diretamente para o resultado final.

- Equação antiga: Custo + Lucro = preço
- Nova equação: Preço (fixo) - Custo = Lucro
- Assim, a chave para a rentabilidade é: Redução dos custos

Ferramentas Lean Manufacturing

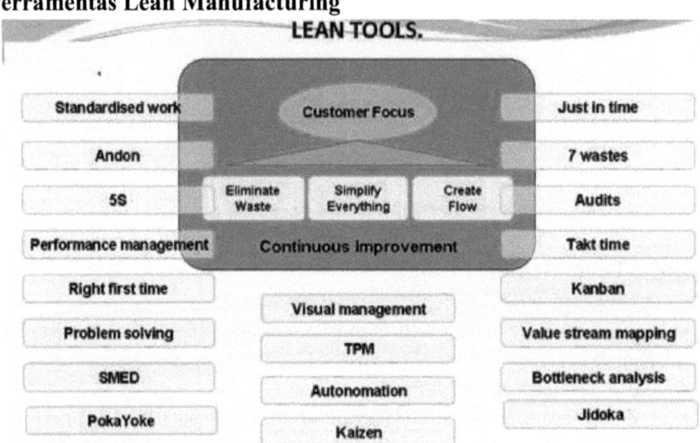

Figura 1.9 Mostra as ferramentas Lean

12. Seis Sigma

O Seis Sigma (6σ) é um conjunto de técnicas e ferramentas para a melhoria de processos (apresentado na figura 1.10). Foi introduzido pelo engenheiro Bill Smith quando trabalhava na Motorola em 1986. Em 1995, Jack Welch tornou-o o núcleo da estratégia da GE.

Diferença com o Lean Management

A gestão Lean e o Six Sigma são dois conceitos que partilham metodologias e ferramentas semelhantes. Ambos os programas são de influência japonesa, mas são dois programas diferentes. A gestão Lean centra-se na eliminação de desperdícios e na garantia da eficiência, enquanto o Six Sigma se centra na eliminação de defeitos e na redução da variabilidade.

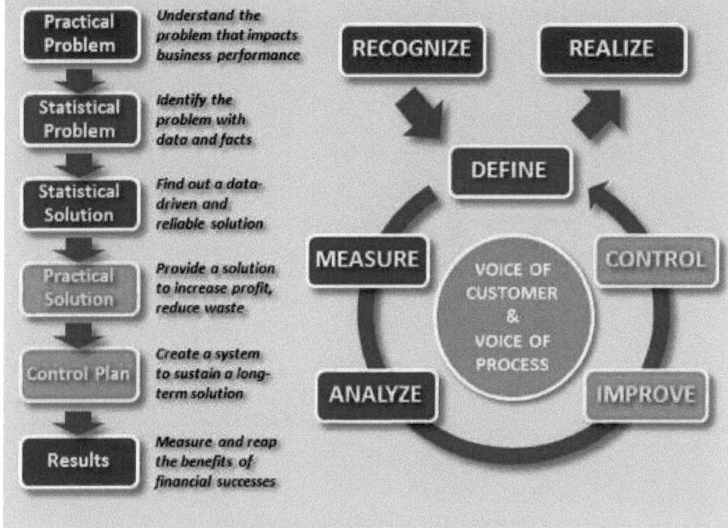

Figura 1.10 O conceito Seis Sigma

A estratégia Seis Sigma tem por objetivo melhorar a qualidade dos resultados dos processos, identificando e eliminando as causas dos defeitos e minimizando a variabilidade dos processos de produção e comerciais. Utiliza um conjunto de métodos de gestão da qualidade, principalmente métodos empíricos e estatísticos, e cria uma infraestrutura especial para estes especialistas em métodos dentro da organização. Cada projeto Seis Sigma na organização segue um conjunto de etapas bem definidas com objectivos de valor específicos, tais como: encurtar os ciclos dos processos, reduzir a poluição, reduzir os custos, aumentar a satisfação dos clientes e aumentar os lucros.

O termo Seis Sigma (em maiúsculas porque foi escrito desta forma quando foi registado como uma marca da Motorola em 28 de dezembro de 1993) deriva de termos relacionados com a modelação estatística do processo de produção. A maturidade do processo de produção pode ser descrita por uma classificação Sigma que indica o rendimento ou a percentagem do produto sem defeitos. O processo Seis Sigma refere-se à oportunidade de prever estatisticamente que 99,9999% de todas as caraterísticas das peças de produção não apresentem defeitos (3,4 caraterísticas de defeito por milhão de oportunidades). A Motorola criou uma lente "seis sigma" para toda a sua produção. A Figura 1.11 mostra as diferentes ferramentas utilizadas em seis sigma.

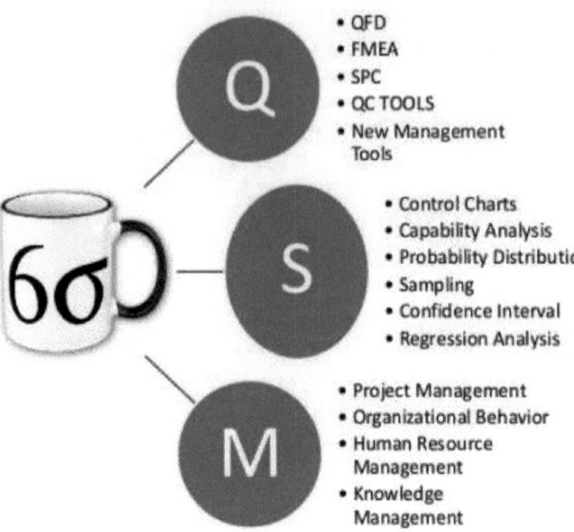

Figura 1.11 As ferramentas seis sigma

13. Gestão de activos

Em geral, a gestão de activos refere-se a qualquer sistema que monitorize e mantenha o valor de uma entidade ou grupo. Aplica-se tanto a activos tangíveis (como edifícios) como a activos intangíveis (como recursos humanos, propriedade intelectual, goodwill e/ou activos financeiros). A gestão de activos é um processo sistemático de desenvolvimento, gestão, manutenção, atualização e eliminação de activos de uma forma eficaz em termos de custos, como mostra a figura 1.12.

Outra perspetiva da gestão de activos no domínio da engenharia é o processo de gestão de recursos para obter o máximo rendimento (especialmente para os activos produtivos, como instalações e equipamentos) e monitorizar e manter os sistemas das instalações, concebidos para proporcionar o máximo aos utilizadores de todas as dimensões. Bom serviço (para recursos de infra-estruturas públicas).

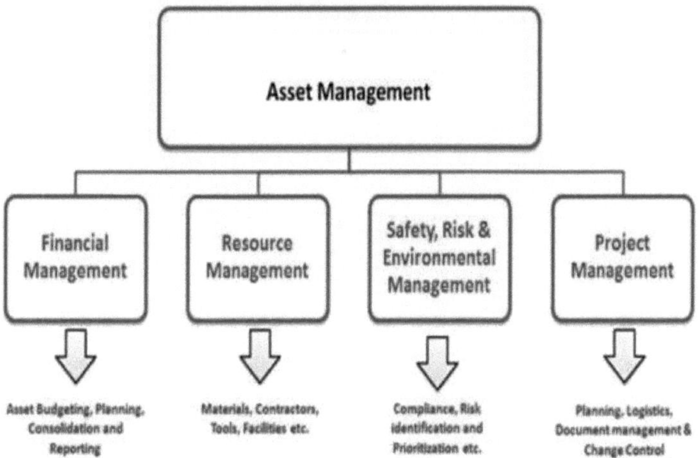

A figura 1.12 mostra o conceito de gestão de activos

Em diferentes aplicações/operações, o termo gestão de activos é utilizado com diferentes designações, tais como

- Gestão de activos financeiros
- Gestão de activos de infra-estruturas
- Gestão de activos empresariais
- Gestão de activos públicos
- Gestão de activos intelectuais e não físicos

14. Gestão da qualidade total (TQM)

A gestão da qualidade total (TQM) é uma técnica concebida para aumentar a qualidade e o desempenho, de modo a satisfazer ou exceder as expectativas dos clientes. Este objetivo pode ser alcançado através da integração de todas as funções e processos relacionados com a qualidade na empresa, como mostra a figura 1.13. A TQM controla as medidas gerais de qualidade da empresa, incluindo a gestão da conceção e do desenvolvimento da qualidade, o controlo e a manutenção da qualidade, a melhoria da qualidade e a garantia da qualidade. A TQM tem em conta todas as medidas de qualidade utilizadas em todas as fases e envolve todos os trabalhadores da empresa.

A Figura 1.13 mostra o Princípio TQM

Os principais princípios da TQM

Direção executiva: A gestão de topo deve atuar como o principal motor da TQM e criar um ambiente que garanta o sucesso.

Formação: Os empregados devem receber formação regular sobre métodos e conceitos de qualidade.
Orientação para o cliente: A melhoria da qualidade deve aumentar a satisfação do cliente.

Tomada de decisões: Com base nos resultados das medições, devem ser tomadas decisões sobre a qualidade.

Metodologia e ferramentas: Utilização de métodos e ferramentas adequados para garantir que a não conformidade seja identificada, medida e implementada de forma consistente.

Melhoria contínua: As empresas devem esforçar-se continuamente por melhorar os processos de produção e de qualidade.

Cultura da empresa: A cultura da empresa deve ter como objetivo desenvolver a capacidade dos trabalhadores de trabalharem em conjunto para melhorar a qualidade.

Envolvimento dos funcionários: Os empregados devem ser encorajados a identificar e resolver proactivamente os problemas de qualidade.

15. TRIZ

A TRIZ é definida como "uma ferramenta de resolução de problemas, análise e previsão para a investigação de modelos inventivos na literatura global sobre patentes", como mostra a figura 1.14. Foi desenvolvida pelo inventor Genrich Archie Schuler, pelo escritor soviético de ficção científica (1926-1998) e pelos seus colegas. Em 1946, em inglês, o nome era normalmente apresentado como "the theory of invention problem solving".

Figura 1.14 A definição da TRIZ

Seguindo a intuição de Archie Schuler, esta teoria abrangeu um vasto leque de estudos sobre milhares de invenções em muitos domínios diferentes, em soluções e problemas criativos, a natureza destas caraterísticas salientes que definem padrões de significado universais. As invenções de desenvolvimento de base passaram.

Uma parte importante da teoria, que tem sido dedicada à deteção de modelos evolutivos e um dos objectivos perseguidos pelos principais praticantes da TRIZ, é uma abordagem computacional ao desenvolvimento de novos sistemas e ao aperfeiçoamento dos existentes.

A TRIZ inclui métodos práticos, conjuntos de ferramentas, bases de conhecimento e tecnologias baseadas em modelos para gerar soluções inovadoras para a resolução de problemas. É muito útil para a formulação de problemas, análise de sistemas, análise de falhas e modelos de evolução de sistemas. As semelhanças gerais entre objectivos e métodos e o campo da modelação são uma prática interdisciplinar para descrever e partilhar claramente a conceção global.

O estudo produziu três resultados principais:

1. Problemas e soluções recorrentes entre a indústria e a ciência
2. Modelos de repetição da evolução tecnológica entre a indústria e a ciência
3. A inovação utiliza efeitos científicos fora do seu domínio de desenvolvimento

Os profissionais da TRIZ aplicam todos estes resultados para criar e melhorar produtos, serviços e sistemas.

O princípio básico:

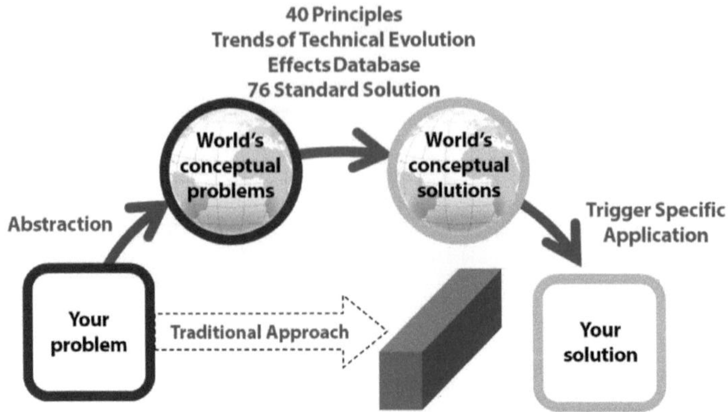

A Figura 1.15 mostra o Princípio TRIZ

A TRIZ fornece uma abordagem sistemática para compreender e definir problemas complexos: os problemas difíceis exigem soluções inovadoras e a TRIZ fornece uma gama de estratégias e ferramentas para encontrar essas soluções inovadoras, como mostra a figura 1.15. O primeiro conjunto de resultados de um estudo em grande escala baseia-se no facto de a grande maioria das soluções típicas que exigem soluções criativas refletir um compromisso entre os dois problemas que têm de ser ultrapassados ou dois factores contraditórios. O principal objetivo da análise baseada na TRIZ é aplicar sistematicamente estratégias e ferramentas para encontrar soluções superiores que permitam ultrapassar os trade-offs ou os trade-offs entre os dois elementos.

16. Manutenção baseada no risco (RBM)

A manutenção baseada no risco (RBM) centra os activos de manutenção nos bens mais ameaçados em caso de avaria. Esta é, de facto, uma técnica para avaliar a utilização mais eficiente do capital de manutenção. O quadro da manutenção baseada no risco é apresentado na figura 1.16. Este será estruturado de forma a que as operações de manutenção em toda a fábrica sejam coordenadas para mitigar o risco de falha.

O modelo de manutenção baseado no risco baseia-se em duas fases principais:

1. Avaliação dos riscos
2. Planeamento da manutenção com base no risco

O método e a frequência da manutenção são tidos em conta com base no risco de falha. Os recursos com maior risco ou com consequências mais graves são geridos e acompanhados com maior regularidade. Os recursos com um risco menor são objeto de menos programas de manutenção. A implementação de um sistema de manutenção baseado no risco significa que o risco global de falha do equipamento é reduzido de forma económica em toda a fábrica. Os sistemas de seguimento e reparação de activos de alto risco são normalmente programas de manutenção baseados na condição.

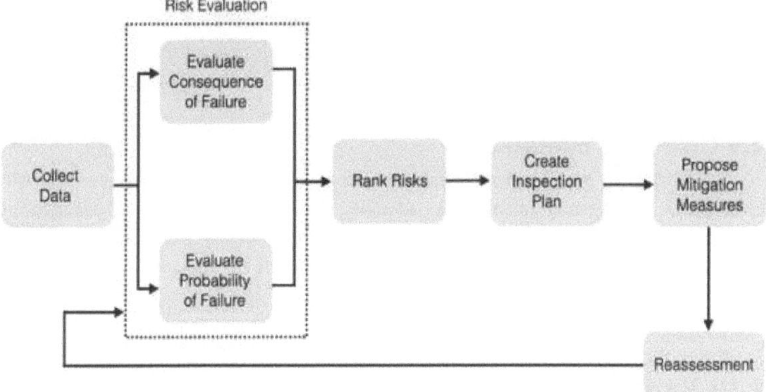

Figura 1.16 Quadro para a manutenção baseada no risco

1.7 Seleção da manutenção

A melhor política para cada item pode ser determinada identificando primeiro as políticas que são eficazes e, em seguida, decidindo qual é a política mais económica.

1. Padrão de produção (Ex: é contínuo, flutuante ou intermitente).
2. Natureza do processo.
3. Tempo previsto disponível para a manutenção.
4. Requisito de fiabilidade.
5. Complexidade, criticidade e custo da máquina.
6. Custo do produto unitário.
7. Custo da indisponibilidade.
8. Disponibilidade e custo dos recursos.
9. Outras informações são recomendações de manutenção dos fabricantes.

1.8 Factores que influenciam a manutenção Estratégia

Embora existam algumas diretrizes gerais para a escolha da estratégia de manutenção mais adequada, cada caso deve ser avaliado individualmente. As considerações principais serão sempre definidas em termos económicos. Por vezes, uma política específica da empresa (como a segurança) sobrepõe-se a todas as outras considerações. Segue-se uma lista de factores (sem qualquer ordem específica) que devem ser tidos em conta ao decidir qual a estratégia de manutenção mais adequada para uma determinada situação ou máquina:

- Classificação (tamanho, tipo) da máquina
- Carácter crítico da máquina em relação à produção
- Custo de substituição de toda a máquina
- Tempo de espera para a substituição de toda a máquina
- Recomendações dos fabricantes

- Dados de falha (histórico), MTTF, MTBF, modos de falha
- Redundância
- Segurança (pessoal da fábrica, comunidade, ambiente)
- Custo e disponibilidade de peças sobressalentes
- Custos de pessoal, custos administrativos, custos de equipamento de controlo
- Custos de funcionamento de um programa de monitorização (se utilizado)

1.9 Custos de manutenção

O custo de manutenção depende inteiramente do tipo de política de manutenção selecionada e do grau de manutenção adotado. À medida que o grau de manutenção aumenta, o custo da manutenção de emergência diminui, enquanto o custo da manutenção planeada aumenta com o aumento do grau de manutenção. É essencial adotar um nível económico ótimo de manutenção, a fim de manter o custo de manutenção no mínimo.

1.10 Razões para o aumento dos custos de manutenção nas indústrias indianas

- Atividade de manutenção não planeada.
- Não há análise de avarias.
- Falta de compreensão do impacto da manutenção na rendibilidade global da organização.
- Programas de Manutenção Preventiva inadequados e/ou em excesso.
- Ausência de uma abordagem de ciclo de vida para a redução dos custos de manutenção.
- Falta de coordenação entre os vários departamentos, principalmente produção, manutenção, conceção de materiais e finanças.
- Falta de pessoal operacional e de manutenção qualificado.
- Ausência de auditoria de manutenção.
- Ausência de um sistema de informação de gestão para o acompanhamento e controlo das actividades de manutenção.
- Falta de motivação do pessoal de manutenção.
- Ausência de empenhamento numa nova cultura e em filosofias como a Manutenção Produtiva Total.

1.11 Elaboração do orçamento de manutenção

A necessidade de um orçamento de manutenção decorre da necessidade global de orçamentação da gestão empresarial e envolve a estimativa do custo dos recursos (mão de obra, peças sobressalentes, etc.) que serão necessários no exercício financeiro seguinte para satisfazer o volume de trabalho de manutenção previsto. Os planos de vida e o calendário de manutenção foram estabelecidos para atingir o objetivo de manutenção (que incorpora as necessidades de produção, por exemplo, o padrão de funcionamento e a disponibilidade) e, por sua vez, gera a carga de trabalho de manutenção

1.12 Política de manutenção

Uma política de manutenção é um dos elementos mais importantes de uma gestão eficaz da manutenção. É essencial para a continuidade das operações e para uma compreensão clara do programa de gestão da manutenção, independentemente da dimensão de uma organização de manutenção. Normalmente, as organizações de manutenção dispõem de manuais que contêm elementos como políticas, programas, objectivos, responsabilidades e autoridades para todos os níveis de supervisão, requisitos de informação, métodos e técnicas úteis e índices de medição do desempenho. Na ausência de tal documentação, ou seja, de um manual de políticas, deve ser desenvolvido um documento de políticas que contenha todas as informações essenciais sobre políticas.

1.13 Planeamento da manutenção

O planeamento da manutenção pode ser definido como o processo utilizado para desenvolver um plano de ação. O planeamento eficaz da manutenção implica o desenvolvimento de um plano de ação que inclui todos os trabalhos de manutenção, reparação e construção. O planeamento da manutenção envolve a determinação das tarefas de manutenção que devem ser executadas, como serão concluídas e quais as peças e ferramentas necessárias. A programação envolve determinar quando é que se vai completar uma tarefa. Os planeadores devem planear o trabalho, mas nunca programá-lo ou realizar as tarefas eles próprios. O Planeamento da Manutenção é um processo utilizado para ajudar a aumentar a eficiência da manutenção e para fornecer planos de trabalho mais seguros e mais rentáveis

O planeamento e a programação eficazes contribuem significativamente para o seguinte:

- Redução dos custos de manutenção.
- Melhor utilização da mão de obra de manutenção, reduzindo os atrasos e as interrupções.
- Melhoria da qualidade do trabalho de manutenção através da adoção dos melhores métodos e procedimentos e da afetação dos trabalhadores mais qualificados para o trabalho.

Objectivos do planeamento da manutenção

- Maximizar a produção ou aumentar a disponibilidade das instalações ao mais baixo custo e com os mais elevados padrões de qualidade e segurança.
- Reduzir as avarias e as paragens de emergência.
- Otimizar a utilização dos recursos.
- Reduzir o tempo de inatividade.
- Minimizar o tempo de inatividade dos trabalhadores da manutenção.
- Maximizar a utilização eficiente do tempo de trabalho, do material e do equipamento.

- Manter o equipamento operacional a um nível de resposta às necessidades de produção em termos de calendário de entrega e qualidade

Procedimentos de planeamento

- Determinar o conteúdo do trabalho.
- Desenvolver um plano de trabalho. Isto implica a sequência das actividades do trabalho e a definição dos melhores métodos e procedimentos para o realizar
- Estabelecer a dimensão da equipa para o trabalho.
- Planear e encomendar peças e materiais.
- Verificar se são necessárias ferramentas e equipamentos especiais e obtê-los.
- Atribuir trabalhadores com competências adequadas.
- Rever os procedimentos de segurança.
- Estabelecer prioridades para todos os trabalhos de manutenção.
- Atribuir contas de custos.
- Preencher a ordem de trabalho.
- Rever o atraso e desenvolver planos para o controlar.
- Prever a carga de manutenção utilizando uma técnica de previsão eficaz.

Níveis básicos do processo de planeamento da manutenção

1. Planeamento a longo prazo: abrange um período de 3 a 5 anos e estabelece planos para actividades futuras e melhorias a longo prazo.
2. Planeamento **a médio prazo:** abrange um período de 1 mês a 1 ano.
3. Planeamento a curto prazo: abrange um período de 1 dia a 1 semana. Centra-se na determinação antecipada de todos os elementos necessários à execução das tarefas de manutenção.

1. Planeamento a longo prazo

Necessita de utilizar o seguinte:

- Técnicas de previsão sólidas para estimar a carga de manutenção.
- Tempos fiáveis de padrões de trabalho para estimar as necessidades de pessoal.
- Ferramentas de planeamento agregado, como a programação linear, para determinar as necessidades de recursos.
- Estabelece planos para actividades futuras e melhorias a longo prazo.

2. Planeamento a médio prazo

- Especificar o modo de ação dos agentes de manutenção.
- Fornecer pormenores sobre grandes revisões, trabalhos de construção, planos de manutenção preventiva e paragens de instalações.
- Equilibra as necessidades de pessoal durante o período abrangido.

- Estimativa da aquisição de peças sobressalentes e materiais necessários.

3. Planeamento a curto prazo

- Centra-se na determinação prévia de todos os elementos necessários à execução das tarefas de manutenção.

1.14 Programação da manutenção

A programação da manutenção é o processo através do qual os trabalhos são combinados com os recursos (ofícios) e sequenciados para serem executados em determinados momentos. O programa de manutenção pode ser preparado em três níveis, consoante o horizonte do programa. Os níveis são:

1. Médio prazo ou calendário geral para cobrir um período de 3 meses a 1 ano
2. Programa semanal, é o trabalho de manutenção que abrange uma semana
3. O programa diário que abrange o trabalho a efetuar em cada dia

O calendário de médio prazo baseia-se nas ordens de trabalho de manutenção existentes, incluindo as ordens de trabalho gerais, os atrasos, a manutenção preventiva e a manutenção de emergência prevista. Deve equilibrar a procura de trabalhos de manutenção a longo prazo com a mão de obra disponível. Com base no calendário a longo prazo, as necessidades de peças sobresselentes e de material podem ser identificadas e encomendadas antecipadamente.

O programa de longo prazo é normalmente sujeito a revisões e actualizações para refletir alterações nos planos e trabalhos de manutenção realizados. O programa de manutenção semanal é gerado a partir do programa de médio prazo e tem em conta os programas de operações correntes e considerações económicas.

O calendário semanal deve permitir que cerca de 10-15% da força de trabalho esteja disponível para trabalhos de emergência. O planeador deve fornecer o calendário para a semana em curso e para a seguinte, tendo em consideração o atraso disponível. As ordens de trabalho programadas para a semana em curso são sequenciadas com base na prioridade. A análise do caminho crítico e a programação inteira são técnicas que podem ser utilizadas para gerar um calendário. Na maioria das pequenas e médias empresas, a programação é efectuada com base em regras heurísticas e na experiência.

O programa diário é gerado a partir do programa semanal e é normalmente preparado no dia anterior. Este programa é frequentemente interrompido para efetuar manutenção de emergência. As prioridades estabelecidas são utilizadas para programar os trabalhos.

Nalgumas organizações, o horário é entregue ao encarregado da área e é-lhe dada a liberdade de atribuir o trabalho aos seus ofícios, na condição de ter de realizar os trabalhos de acordo com a prioridade estabelecida.

Elementos da programação de som

O planeamento do trabalho de manutenção é uma condição prévia para uma boa programação. Em todos os tipos de trabalhos de manutenção, os requisitos necessários para uma programação eficaz são os seguintes

- Ordens de trabalho escritas que resultam de um processo de planeamento bem concebido. As ordens de trabalho devem explicar com exatidão o trabalho a realizar, os métodos a seguir, os ofícios necessários, as peças sobressalentes necessárias e a prioridade.
- Normas de tempo que se baseiam em técnicas de medição do trabalho;
- Informações sobre a disponibilidade de embarcações para cada turno.
- Existências de peças sobressalentes e informações sobre o seu reabastecimento.
- Informações sobre a disponibilidade de equipamentos e ferramentas especiais necessários para os trabalhos de manutenção.
- Acesso ao programa de produção da fábrica e conhecimento de quando as instalações podem estar disponíveis para serviço sem interromper o programa de produção.
- Prioridades bem definidas para os trabalhos de manutenção. Estas prioridades devem ser desenvolvidas através de uma coordenação estreita entre a manutenção e a produção.
- Informações sobre os trabalhos já programados que estão atrasados (atrasos).

O procedimento de agendamento deve incluir as seguintes etapas, conforme descrito por Hartman:

- Ordenar as ordens de trabalho em atraso por ofícios;
- Ordenar as encomendas por prioridade;
- Compilar uma lista de trabalhos concluídos e em curso;
- Considere a duração do emprego, a localização, a distância de deslocação e a possibilidade de combinar empregos na mesma área;
- Programar os trabalhos multiartesanais para começarem no início de cada turno;
- Emitir um calendário diário (exceto para trabalhos de projeto e construção); e
- Ter um supervisor a fazer atribuições de trabalho (efetuar o despacho).

Os elementos acima referidos fornecem ao programador os requisitos e o procedimento para desenvolver um programa de manutenção. Em seguida, é apresentado o papel da prioridade na programação da manutenção, juntamente com uma metodologia para desenvolver as prioridades dos trabalhos.

1.15 Sistema de prioridades das tarefas de manutenção

O sistema de prioridades das tarefas de manutenção tem um enorme impacto na programação da manutenção. As prioridades são estabelecidas para garantir que os trabalhos mais críticos e necessários sejam programados em primeiro lugar. O desenvolvimento de um sistema de prioridades deve ser bem coordenado com as equipas de operações, que normalmente atribuem uma prioridade mais elevada do que a justificada aos trabalhos de manutenção. Esta tendência exerce pressão sobre os recursos de manutenção e pode levar a uma utilização dos recursos inferior à óptima. Além disso, o sistema de prioridades deve ser dinâmico e deve ser atualizado periodicamente para refletir as alterações nas estratégias de funcionamento ou de manutenção. Os sistemas de prioridades incluem normalmente três a dez níveis de prioridade. A maioria das organizações adopta prioridades de quatro ou três níveis.

Quadro 1.1 Sistema de prioridades das tarefas de manutenção

Código	Nome	Tempo de trabalho	Tipo de trabalho
1	Emergência	As obras devem começar imediatamente	Trabalhos que tenham um efeito imediato sobre a segurança, o ambiente, a qualidade ou que possam provocar o encerramento da atividade
2	Urgente	Os trabalhos devem começar no prazo de 24 horas	Trabalhos susceptíveis de ter um impacto sobre a segurança, o ambiente, a qualidade ou que possam provocar a paragem da atividade
3	Normal	Os trabalhos devem começar no prazo de 48 horas	Trabalhos susceptíveis de afetar a produção no prazo de uma semana
4	Programado	Como previsto	Manutenção preventiva e rotina de todos os trabalhos programados
5	Adiável	Os trabalhos devem começar quando os recursos estiverem disponíveis ou no período de paragem	Trabalhos que não têm um impacto imediato na segurança, na saúde, no ambiente ou nas operações de produção

1.16 Controlo da manutenção

Um sistema eficaz de controlo da manutenção melhora a fiabilidade do equipamento e contribui para uma utilização óptima dos recursos. O controlo da manutenção refere-se ao conjunto de actividades, ferramentas e procedimentos utilizados para coordenar e afetar os recursos de manutenção a fim de atingir os objectivos do sistema de manutenção necessários para o seguinte

1. Controlo do trabalho;
2. Controlo da qualidade e dos processos;
3. Controlo dos custos; e
4. Um sistema eficaz de informação e feedback.

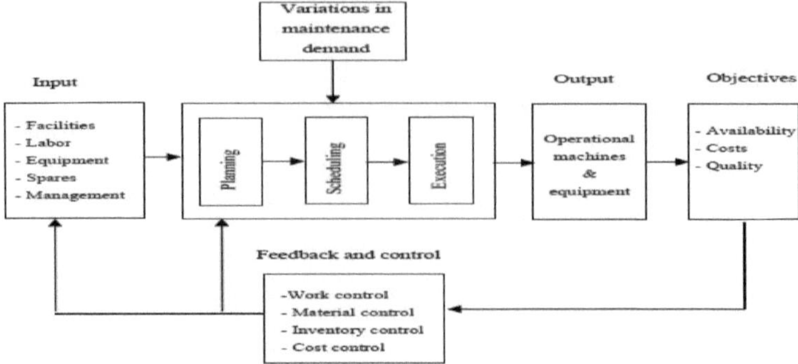

Figura 1.17 Controlo da manutenção

1.17 Engenharia de manutenção no século XXI

Devido a vários factores, foi estabelecido no século anterior que a "manutenção" deve ser parte integrante da estratégia de produção para o sucesso global de uma organização. Para a eficácia da atividade de manutenção, o século XXI deve basear-se neste princípio. Espera-se que os equipamentos deste século sejam mais informatizados e fiáveis, para além de serem muito mais complexos.

A informatização do equipamento aumentará significativamente a importância da manutenção do software, aproximando-se, se não mesmo igual, à manutenção do hardware. Neste século, será também dada maior ênfase à manutenção em áreas como o fator humano, a qualidade, a segurança e a relação custo-eficácia. Serão necessárias novas formas de pensar e novas estratégias para realizar os benefícios potenciais e transformá-los em rentabilidade. Em suma, as operações rentáveis serão aquelas que empregaram o pensamento moderno para desenvolver uma estratégia de gestão de equipamentos que tire partido efetivo de novas informações, tecnologias e métodos.

1.18 Computadores na manutenção

A atividade de manutenção pode poupar máquinas dispendiosas e reparações de máquinas necessárias devido à negligência de serviços regulares, mas a principal poupança tem de ser obtida em mão de obra através da implementação de um sistema informatizado, as tarefas administrativas detalhadas que são necessárias para o departamento de manutenção são grandemente simplificadas. A manutenção de registos também é facilitada porque os dados de entrada podem ser actualizados automaticamente e os registos do equipamento podem ser normalizados e actualizados.

- Os computadores oferecem uma velocidade inigualável, executando tarefas repetitivas, libertando-nos de actividades mais críticas e criativas.
- Executa tarefas repetidamente sem erros, evitando a fadiga que afecta os seres humanos.
- Um computador pode ser utilizado eficazmente para armazenar os dados e fornecer as informações necessárias sob a forma de impressões no momento certo para a gestão.

- Sugerem-se os seguintes requisitos para a informatização.
- Ajudar o serviço a obter as informações e o estado atual das actividades de manutenção.
- Manter uma base de dados de todos os equipamentos disponíveis na fábrica, registando todos os seus pormenores técnicos.
- Acompanhar os atrasos e ajudar a programar os trabalhos em atraso nas semanas seguintes.
- Determinar o custo do material e da mão de obra para a manutenção.
- Obter um controlo efetivo das operações.

Sugerem-se os seguintes requisitos para a informatização.

- Possuir um sistema de atualização contínua.
- Ter flexibilidade para efetuar modificações.
- Para minimizar o trabalho manual em papel.
- Aumentar a velocidade de trabalho.
- Estudar e utilizar a força humana.
- Prever as necessidades de reserva com base no consumo do ano anterior.
- Elaboração de relatórios periódicos que devem dar credibilidade ao serviço de manutenção.
- Ajudar a gestão a tomar decisões sobre o investimento na atividade de manutenção.
- Aumentar a produtividade da força de trabalho de manutenção.
- Para reduzir o tempo de paragem da máquina.
- Para reduzir os custos de manutenção.
- Reduzir as horas extraordinárias e o trabalho externo.
- Para aumentar a produtividade global da fábrica.
- Para obter mais lucros para a empresa
- Para que seja fácil de utilizar.
- Estas tarefas podem ser efectuadas através de trabalho manual, mas é um trabalho que consome muito tempo.
- Para ultrapassar as limitações e o trabalho manual em papel, é preferível dispor de um "sistema informatizado de gestão da manutenção" que melhore a eficiência, a rapidez, a precisão e a sofisticação com uma interface humana óptima.

1.19 Sistemas informatizados de gestão da manutenção

- Um sistema informatizado de gestão da manutenção (CMMS) é um software que armazena dados sobre as operações de manutenção, tais como a manutenção efectuada em equipamentos, máquinas e outros bens.
- O software CMMS melhora a gestão de activos, eliminando a necessidade de folhas de cálculo manuais e consolidando todas as actividades da equipa de manutenção num único local.
- Um sistema informatizado de gestão da manutenção (CMMS) é uma plataforma de software concebida para simplificar a gestão da manutenção.

- Este tipo de pacote de software intuitivo mantém uma base de dados informática com informações sobre as operações de manutenção de uma empresa e pode produzir relatórios de estado e resumos detalhados das actividades de manutenção.
- Uma vez analisada, esta informação destina-se a permitir que o pessoal de manutenção faça o seu trabalho de forma mais eficaz e que os gestores de manutenção tomem decisões informadas, ajudando-os a gerir os custos e a afetar recursos.
- Um CMMS permite que as organizações eliminem o rastreio manual de dados e permite o rastreio e a organização de várias facetas do negócio numa localização centralizada e digital.
- O software CMMS é altamente personalizável, permitindo às organizações adicionar componentes como a gestão de dados do equipamento, gestão de tarefas de manutenção preventiva e preditiva, sistemas de ordens de trabalho, programação e planeamento, gestão de fornecedores, controlo de inventário e muito mais.
- Os profissionais de manutenção utilizam o software CMMS para planear, gerir e melhorar a manutenção das instalações e das fábricas, bem como para normalizar as operações.
- Quando utilizada ao máximo, prolonga a vida útil do equipamento, reduz os custos globais e aumenta a fiabilidade e a produtividade dos activos

Vantagens da utilização do software CMMS

- Automatizar tarefas de manutenção preventiva recorrentes, poupando tempo
- Documentar e garantir facilmente a conformidade regulamentar
- Digitalizar formulários e outros documentos, eliminando o papel
- Organizar o inventário e otimizar a disponibilidade de peças sobressalentes
- Obter uma visão abrangente do estado dos activos e identificar problemas atempadamente
- Um CMMS armazena dados de activos e actividades e documentos relacionados com a manutenção associados numa localização central.
- Com o software de manutenção baseado na Web, as equipas podem aceder e visualizar históricos de reparação de activos e enviar e receber pedidos de trabalho e ordens de trabalho a partir de praticamente qualquer lugar - através de telemóveis, PCs, computadores portáteis ou outros dispositivos inteligentes.

Capítulo - 2

MANUTENÇÃO PREVENTIVA

2.1 Introdução

A manutenção preventiva (MP) é uma componente importante de uma atividade de manutenção. Numa organização de manutenção, representa geralmente uma parte importante do esforço total de manutenção. A manutenção preventiva pode ser descrita como o cuidado e a assistência por parte dos indivíduos envolvidos na manutenção para manter o equipamento/instalações num estado operacional satisfatório, prevendo a inspeção sistemática, a deteção e a correção de falhas incipientes antes da sua ocorrência ou antes da sua evolução para uma falha grave.

A manutenção preventiva é a manutenção efectuada regularmente num equipamento para diminuir a probabilidade de este falhar. É efectuada enquanto o equipamento ainda está a funcionar para que não se avarie inesperadamente

Alguns dos principais objectivos da PM são aumentar a vida produtiva do equipamento, reduzir as avarias críticas do equipamento, permitir um melhor planeamento e programação dos trabalhos de manutenção necessários, minimizar as perdas de produção devidas a falhas do equipamento e promover a saúde e a segurança do pessoal de manutenção.

De tempos a tempos, os programas de PM nas organizações de manutenção acabam por fracassar (ou seja, perdem o apoio da gestão superior) porque o seu custo é injustificável ou demoram muito tempo a mostrar resultados. É de salientar que toda a PM deve ser rentável. O princípio mais importante para manter o apoio contínuo da direção é: "Se não for para poupar dinheiro, então não o façam!".

A manutenção preventiva envolve:

- Inspeção periódica do equipamento/máquinas para detetar condições que conduzam a quebras de produção e depreciação prejudicial. Manutenção da maquinaria da fábrica para corrigir essas condições enquanto ainda estão numa fase menor.
- A chave de todos os bons programas de manutenção preventiva é, no entanto, a inspeção.
- Limpeza, lubrificação e lubrificação regulares das peças móveis.
- Substituição de peças gastas antes de deixarem de funcionar,
- Revisão periódica de toda a máquina.
- As máquinas ou equipamentos susceptíveis de falhas súbitas devem ser instalados em duplicado, por exemplo, motores, bombas, transformadores e compressores, etc.

2.2 Caraterísticas da manutenção preventiva

Um programa de manutenção preventiva bem concebido deve possuir as seguintes caraterísticas

- Identificação correta de todos os elementos a incluir no programa de manutenção.

- Registos adequados que abranjam o volume de trabalho, os custos associados, etc.
- Inspeção com um calendário definido com ordem permanente sobre tarefas específicas.
- Utilização de listas de controlo pelos inspectores.
- Um calendário de frequência de inspeção
- Uma equipa de inspectores bem qualificados, com competência para efetuar reparações simples, sempre que se verifiquem pequenos problemas.
- Procedimentos administrativos que permitem o cumprimento e o acompanhamento do programa.

2.3 Objectivos da manutenção preventiva

- Minimizar a possibilidade de uma interrupção imprevista da produção ou de uma avaria importante, detectando qualquer condição que possa conduzir a essa situação?
- Colocar as instalações, equipamentos e máquinas sempre disponíveis e prontos a serem utilizados.
- Manter o valor do equipamento e das máquinas através de inspecções periódicas, reparações, revisões, etc.
- Reduzir o conteúdo de trabalho das tarefas de manutenção.
- Manter a eficiência produtiva óptima do equipamento e das máquinas da fábrica.
- Manter a precisão operacional do equipamento da fábrica.
- Para obter uma produção máxima com um custo mínimo de reparação.
- Garantir a segurança da vida e dos membros dos trabalhadores, bem como do equipamento e das máquinas das instalações, etc.
- Manter a capacidade operacional da instalação no seu conjunto.

2.4 Tipos de manutenção preventiva

A manutenção preventiva pode ser baseada no tempo ou na utilização

1. Manutenção preventiva baseada no tempo: A manutenção preventiva baseada no tempo refere-se à substituição ou renovação de um elemento para restaurar a sua fiabilidade num determinado momento, intervalo ou utilização, independentemente do seu estado. Um exemplo típico de uma manutenção preventiva baseada no tempo é uma inspeção regular de um equipamento crítico que teria um impacto grave na produção em caso de avaria. Por exemplo, todas as semanas, todos os meses ou de três em três meses, etc.

2. Manutenção preventiva baseada na utilização: A manutenção preventiva baseada na utilização dispara após um determinado número de quilómetros, horas ou ciclos de produção. Por exemplo, a cada 150 ciclos, a cada 10.000 horas ou como no seu carro: manutenção a cada 10.000 km...

2.5 Planeamento da manutenção preventiva

Planear mais manutenção preventiva nem sempre é melhor. Fazer PMs apenas para aumentar a sua percentagem de manutenção planeada pode ser dispendioso e levar a avarias após a manutenção.

Um bom planeamento da manutenção preventiva tem tudo a ver com o ajuste fino da frequência das frequências de manutenção preventiva. É crucial encontrar o equilíbrio certo entre a realização de PMs com demasiada frequência (dispendiosa e arriscada) e com pouca frequência (é provável que não se detectem falhas entre as inspecções).

Uma forma de aperfeiçoar o seu programa de manutenção preventiva é seguir o modelo PDCA:

1. **Planear:** Criar uma linha de base para as frequências de PM, analisando as diretrizes recomendadas pelo OEM, os históricos de reparação, a criticidade e os padrões de utilização do equipamento
2. **Fazer:** Seguir o seu plano de forma consistente para obter resultados exactos
3. **Verificar:** Analisar as métricas de falha de cada ativo para determinar se o seu plano está a funcionar
4. **Atuar:** Aumentar a frequência das PMs se um ativo estiver a avariar entre manutenções e reduzir a frequência se não estiver a encontrar avarias entre PMs

Seguir o modelo PDCA e planear a manutenção preventiva sem a ajuda de um software CMMS pode ser um grande desafio. Uma vez que as PMs são acionadas após um determinado período de tempo ou utilização, é difícil (se não quase impossível) controlar esses dados manualmente, especialmente se estiver a lidar com muitas peças de equipamento crítico. O software de manutenção permite-lhe definir PMs de acordo com os accionadores apropriados para cada equipamento. Quando o acionamento ocorre, é criada uma ordem de trabalho.

2.6 Elementos da manutenção preventiva

Existem sete elementos da PM, como mostra a figura 2.1.

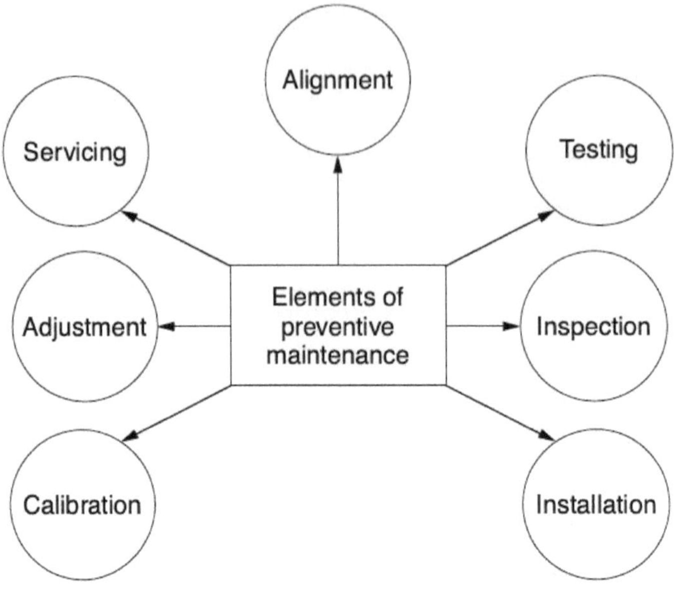

Figura 2.1 Elementos da manutenção preventiva

Cada elemento é analisado a seguir

1. Inspeção: Inspeção periódica de materiais/itens para determinar a sua operacionalidade, comparando as suas caraterísticas físicas, eléctricas, mecânicas, etc. (conforme aplicável) com as normas previstas

2. Manutenção: Limpeza, lubrificação, carregamento, conservação, etc., de itens/materiais periodicamente para evitar a ocorrência de falhas incipientes

3. Calibração: Determinação periódica do valor das caraterísticas de um elemento por comparação com um padrão; consiste na comparação de dois instrumentos, um dos quais é um padrão certificado com precisão conhecida, para detetar e ajustar qualquer discrepância na precisão do material/parâmetro que está a ser comparado com o valor padrão estabelecido

4. Ensaios: Ensaios ou verificações periódicas para determinar a operacionalidade e detetar a degradação eléctrica/mecânica

5. Alinhamento: Fazer alterações aos elementos variáveis especificados de um item com o objetivo de obter um desempenho ótimo

6. Ajustamento: Ajustamento periódico de elementos variáveis especificados do material com o objetivo de obter o melhor desempenho do sistema

7. ***Instalação:*** Substituição periódica dos artigos de vida limitada ou dos artigos que sofrem degradação do ciclo de tempo ou do desgaste, para manter a tolerância especificada do sistema

2.7 Procedimento de manutenção preventiva

Não existe um procedimento de manutenção preventiva pronto a usar para qualquer indústria ou empresa envolvida em actividades de produção. Tendo em conta o facto de que todas as indústrias diferem em termos de dimensão, localização, disposição, construção, recursos, maquinaria e respectiva idade, de modo a adaptarem-se às necessidades de cada unidade industrial, os programas de manutenção preventiva são especificamente concebidos.

Um programa de manutenção preventiva bem concebido inclui os seguintes elementos, caraterísticas ou etapas a respeitar em geral:

- Quem deve efetuar a manutenção preventiva?
- Por onde começar a manutenção preventiva?
- O que inspecionar em matéria de manutenção preventiva?
- O que deve ser inspeccionado?
- Qual deve ser a frequência da inspeção?
- Quando inspecionar ou calendários de inspeção?
- O que são as fases da manutenção preventiva?
- Formação do pessoal de manutenção.
- Técnicas de motivação.
- Manutenção de registos de manutenção preventiva.
- Gestão de materiais para manutenção.
- Controlo e avaliação da manutenção preventiva.

Tendo em conta os elementos de manutenção preventiva acima referidos, para estabelecer um sistema de manutenção preventiva sólido numa empresa de produção, são necessários recursos humanos adicionais, instalações de manutenção, equipamento de ensaio e peças sobressalentes, etc., mas a longo prazo, o sistema proporciona muitos benefícios através da redução das perdas de produção, do tempo de inatividade e dos custos de reparação, etc.

Assim, os requisitos essenciais para uma boa manutenção preventiva podem ser enumerados do seguinte modo

(1) Identificação correta das máquinas/equipamentos e ferramentas: Cada artigo deve ser identificado de forma exclusiva por um número de série/identidade bem visível.

(2) Devem estar disponíveis registos anteriores adequados para todos os equipamentos utilizados. Devem fornecer informações completas sobre as operações/actividades de manutenção anteriores.

(3) Dados sobre avarias/falhas: Devem estar disponíveis, para todas as máquinas, informações suficientes sobre as avarias no que respeita ao grau de importância e à frequência das falhas. Estas informações são necessárias para efeitos de identificação de avarias, diagnóstico de avarias, análise e retificação final.

(4) Dados secundários: De facto, trata-se de uma espécie de dados experimentais para equipamentos semelhantes que estão a ser utilizados.

(5) Recomendações de utilização do fabricante: Relativamente à utilização de uma determinada máquina, ou seja, como utilizar e fornecer P.M.

(6) Manuais de serviço, folhas de instruções e de manutenção.

(7) Os consumíveis e as peças/componentes substituíveis devem estar disponíveis sempre que necessário.

(8) Disponibilidade de mão de obra qualificada necessária, nomeadamente engenheiros, inspectores e técnicos.

(9) Disponibilidade/fornecimento de bancos de ensaio/equipamentos, ou seja, bancos de ensaio, sensores, etc.

(10) Devem existir instruções claras, acompanhadas de uma lista de verificação das medidas preventivas e corretivas, para garantir o bom funcionamento do sistema.

(11) Feedback e cooperação dos utilizadores: O utilizador do equipamento/máquina deve fornecer ao fabricante informações sobre o funcionamento efetivo do equipamento.

(12) Apoio da direção: Para estabelecer um sistema de manutenção preventiva, o empenhamento da gestão de topo é essencial para a implementação da política de manutenção preventiva da organização.

2.8 Caraterísticas das instalações que necessitam de um programa de manutenção preventiva

Algumas caraterísticas de uma fábrica que necessita de um bom programa de manutenção preventiva são as seguintes

- Baixa utilização do equipamento devido a falhas
- Grande volume de sucata e rejeitados devido à falta de fiabilidade do equipamento
- Aumento dos custos de reparação de equipamentos devido a negligência em áreas como a lubrificação regular, a inspeção e a substituição de itens/componentes desgastados
- Elevados tempos de inatividade do operador devido a falhas do equipamento

- Redução da vida produtiva prevista dos bens de equipamento devido a uma manutenção insatisfatória

2.9 Passos importantes para a criação de um programa de manutenção preventiva

Para desenvolver um programa de PM eficaz, é necessária a disponibilidade de uma série de itens. Alguns desses elementos incluem registos históricos precisos do equipamento, recomendações do fabricante, pessoal qualificado, dados anteriores de equipamento semelhante, manuais de serviço, identificação única de todo o equipamento, instrumentos e ferramentas de teste adequados, apoio da gestão e cooperação do utilizador, informação sobre falhas por problema/causa/ação, consumíveis e componentes/peças substituíveis e instruções claramente escritas com uma lista de verificação a ser assinada.

Há uma série de passos envolvidos no desenvolvimento de um programa de GP. A Figura 2.2 apresenta seis passos para estabelecer um programa de gestão altamente eficaz num curto período de tempo. Cada passo é discutido a seguir.

1. Identificar e selecionar as áreas: Identificação e seleção de uma ou duas áreas importantes
áreas para concentrar o esforço inicial de PM. Estas áreas devem ser cruciais para o sucesso das operações globais da fábrica e podem estar a sofrer um elevado grau de acções de manutenção. O principal objetivo deste passo é obter resultados imediatos em áreas altamente visíveis, bem como ganhar o apoio da gestão em causa.

2. Identificar as necessidades de PM: Definir os requisitos de PM. Em seguida, estabeleça um calendário com dois tipos de tarefas: inspecções diárias de PM e tarefas periódicas de PM. As inspecções diárias de PM podem ser realizadas pelo pessoal de manutenção ou de produção. Um exemplo de uma inspeção diária de PM é
para verificar a concentração de sólidos sedimentáveis nas águas residuais. As tarefas periódicas de PM são normalmente efectuadas pelos trabalhadores da manutenção. Exemplos de tais tarefas são a substituição de filtros descartáveis, a substituição de correias de transmissão e a limpeza de purgadores de vapor e filtros permanentes.

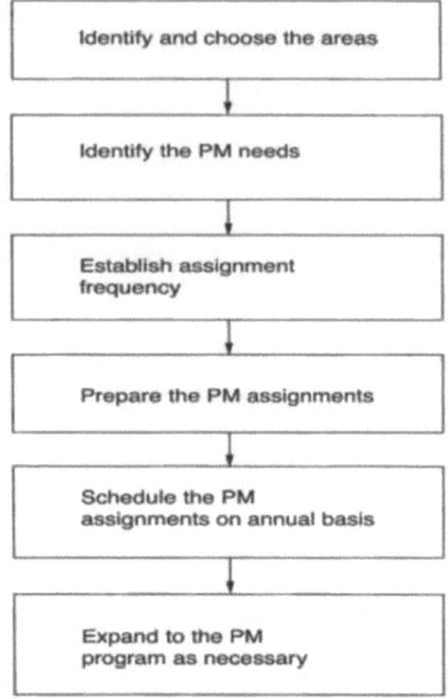

Figura 2.2 Seis passos para o desenvolvimento de um programa PM

3. Estabelecer a frequência das atribuições: Estabelecer a frequência das atribuições. Isto envolve a revisão do estado e dos registos do equipamento. Normalmente, a base para estabelecer a frequência é a experiência dos que estão familiarizados com o equipamento e as recomendações dos fornecedores e da engenharia. Deve ser lembrado que as recomendações dos fornecedores são geralmente baseadas no uso típico dos itens em consideração.

4. Preparar as tarefas PM: As tarefas diárias e periódicas são identificadas e descritas em pormenor, sendo depois apresentadas para aprovação.

5. Programar as tarefas de PM numa base anual: As atribuições PM definidas são programados com base num período de doze meses.

6. Expandir o programa PM conforme necessário: Após a implementação de todas as inspecções diárias e tarefas periódicas do PM nas áreas inicialmente selecionadas, o PM pode ser expandido para outras áreas. A experiência adquirida com os projectos-piloto do MP é fundamental para a expansão do programa.

2.10 Vantagens da manutenção preventiva

O desempenho da PM tem muitas vantagens, incluindo o aumento da disponibilidade do equipamento, a realização de tarefas convenientes, o equilíbrio da carga de trabalho, a redução das horas extraordinárias, o aumento das receitas da produção, a consistência da qualidade, a redução da necessidade de equipamento de reserva, a estimulação da precaução em vez da reação, a redução do inventário de peças, a melhoria da segurança, a normalização dos procedimentos, dos tempos e dos custos, a programação dos recursos disponíveis e a utilidade na promoção da otimização dos benefícios/custos.

- O custo da manutenção de avarias é geralmente muito superior ao da manutenção preventiva
- Mantém o equipamento em boas condições para evitar grandes problemas
- Prolonga a vida útil do equipamento
- Detecta pequenos problemas antes que se tornem grandes
- É uma excelente ferramenta de formação para técnicos
- Ajuda a eliminar o retrabalho/desperdício e reduz a variabilidade do processo
- Mantém o equipamento mais seguro
- Os níveis de stock de peças podem ser optimizados
- Reduz significativamente o tempo de inatividade não planeado
- Redução do tempo de paragem e dos elementos de paragem associados.
- Reduz as reparações pontuais e o tempo de trabalho do pessoal de manutenção.
- Menos reparações repetitivas e em grande escala.
- Menor necessidade de equipamento de reserva e de peças sobresselentes.
- Maior segurança para a força de trabalho/empregados devido à redução das avarias.
- Aumento da vida útil de equipamentos e máquinas.
- A carga de trabalho do pessoal de manutenção pode ser devidamente planeada.
- Melhora a disponibilidade de instalações.
- A eficiência óptima da produção pode ser alcançada através da utilização da manutenção preventiva.
- Os custos de manutenção e reparação são fortemente reduzidos.
- Melhora a qualidade do produto e reduz as rejeições.
- O custo de produção diminui com a adoção da RM.
- A manutenção e o ajustamento regulares e planeados mantêm e proporcionam um elevado nível de produção da fábrica, um melhor desempenho do equipamento e uma melhor qualidade do produto.
- Um ambiente de trabalho saudável, higiénico, seguro e sem acidentes pode ser alcançado com a aplicação da manutenção preventiva científica. Isto promoverá as relações laborais, uma vez que os trabalhadores não perdem qualquer tipo de incentivo devido a avarias ou acidentes.
- Redução do inventário de peças sobresselentes.

2.11 Desvantagens da manutenção preventiva

Algumas desvantagens da PM são: exposição do equipamento a possíveis danos, utilização de um maior número de peças, aumento dos custos iniciais, falhas em peças/componentes novos e necessidade de acesso mais frequente ao equipamento/item.

- Quando o custo da prevenção de falhas é sempre superior ao custo da correção de falhas, o processo de P.M. é muito dispendioso, por exemplo, na produção em série - construção de pontes.
- Este tipo de manutenção exige instalações suplementares e conduz a uma utilização insuficiente ou deficiente das instalações de base para a RM.
- Para as unidades de produção de pequena escala que se dedicam principalmente à produção por encomenda e por lotes, o sistema P.M. não é adequado e não se justifica economicamente.

2.12 Estudo de caso: Desenvolvimento da manutenção preventiva numa empresa de mobiliário

Este trabalho, realizado numa fábrica de fabrico de mobiliário, teve como objetivo melhorar a eficácia das acções de manutenção preventiva, diminuindo o número de avarias e tempos de paragem dos equipamentos, bem como os custos de manutenção. Um diagnóstico inicial permitiu identificar os principais pontos fracos do departamento de manutenção, nomeadamente no que respeita à manutenção preventiva em que a fábrica se baseia para manter os seus equipamentos. Verificou-se uma pequena percentagem de intervenções preventivas planeadas efetivamente realizadas e uma atribuição desequilibrada de tarefas pelos recursos disponíveis. A fim de melhorar a eficiência do pessoal de manutenção, foram desenvolvidas instruções normalizadas de manutenção preventiva. Foi também definida uma abordagem para o planeamento e a atribuição de tarefas ao longo do ano pelos técnicos de serviço. Verificou-se um impacto positivo das acções de melhoria e a nova forma de atribuição de tarefas conduziu a um melhor equilíbrio das tarefas entre os técnicos de serviço, bem como a um aumento do número de intervenções preventivas realizadas.

Resposta a um pedido de reparação

Atualmente, na fábrica, o procedimento de resposta a um pedido de ação corretiva é realizado da seguinte forma (Figura 2). O operador, após detetar uma anomalia num equipamento ou a necessidade de efetuar um trabalho de manutenção, comunica pessoalmente, ou por telefone, ao técnico de manutenção da mesma área a necessidade de intervenção. Posteriormente, o técnico analisa a avaria e, se não for a pessoa mais indicada para resolver o problema, solicita a ajuda de outro técnico de serviço ou, então, solicita a intervenção de uma equipa externa. De seguida, se forem necessárias peças de substituição no equipamento, é verificada a sua existência em armazém. Se existir uma peça ou peças em stock, estas são utilizadas para substituir as inoperacionais, e se não existir nenhuma em stock, é feito um pedido pelo departamento de manutenção ao armazém, que posteriormente efectua a encomenda. Finalmente o equipamento é reparado e a intervenção é registada no software de apoio à manutenção com a seguinte informação:

- Equipamento onde a operação foi efectuada;

- Breve descrição do evento, indicando se foi resolvido ou se é necessário intervir novamente, abrindo uma ordem de trabalho (WO);
- Materiais aplicados na operação;
- Descrição das peças substituídas;
- Tempo utilizado na intervenção.

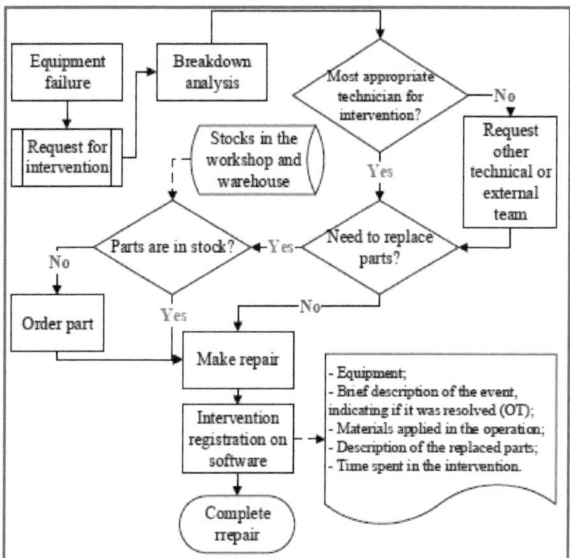

Figura 2.3 Fluxograma de um pedido de ação

Apoio à manutenção de software

O departamento de manutenção dispõe de uma aplicação informática cujo principal objctivo é apoiar a gestão da manutenção. O software permite o acesso a uma base de dados que contém todos os equipamentos das diferentes áreas de produção, bem como o histórico de intervenções corretivas nos respectivos equipamentos. O software tem as seguintes caraterísticas:

- Registo dos operadores;
- Registo dos fornecedores;
- Criação e registo de instruções de manutenção de primeiro nível, preventiva e preditiva. Para além destas funções genéricas, possui ainda diversas funcionalidades diretamente relacionadas com as actividades de manutenção, tais como
- Registo de todas as intervenções de manutenção;
- Criação e registo de uma lista de verificação das operações de cada tipo de intervenção;

- A programação dos vários tipos de intervenções e atribuição aos técnicos de manutenção; - O registo das operações de manutenção preventiva condicionada;
- Cálculo dos custos associados às intervenções nos equipamentos.

Manutenção preventiva

Praticamente todos os equipamentos das instalações estão sujeitos a trabalhos de manutenção preventiva.

Relativamente aos equipamentos sujeitos a trabalhos de manutenção preventiva, existem tarefas de manutenção definidas para cada tipo de equipamento e intervalos correspondentes, conforme indicado pelo fabricante. No entanto, algumas intervenções foram definidas através da experiência adquirida pelos técnicos e aprovadas pelo diretor de manutenção.

Da análise do registo de manutenção, verificou-se que nem todas as tarefas preventivas planeadas são executadas, havendo uma elevada percentagem de actividades não realizadas. Este facto deve-se a uma elevada carga na unidade de produção existente (24 horas por dia) e não existem paragens planeadas em nenhuma das áreas da fábrica para a realização exclusivamente de tarefas de manutenção. Assim, os técnicos aproveitam as horas de paragem para refeições e outras pequenas paragens para realizar as tarefas, e também os fins-de-semana e paragens para férias, uma vez que a carga de produção é menor nestas ocasiões.

Instruções de manutenção preventiva

Para efetuar trabalhos de manutenção preventiva, é utilizado um modelo que indica a área de produção e a linha do equipamento a intervir. Este documento padrão permite indicar a frequência das intervenções, a sequência de tarefas que devem ser efectuadas pelos técnicos, as ferramentas necessárias para a intervenção, o tempo previsto e algumas imagens e esquemas para ajudar os técnicos. Na parte inferior do documento, são apresentados os símbolos relativos ao Ambiente, Higiene e Segurança, indicando os equipamentos técnicos de segurança que devem ser utilizados nos trabalhos de manutenção.

Utilização de mão de obra manual

A análise da mão de obra manual utilizada na manutenção permite compreender a sua ocupação e distribuição por tipos de manutenção. A figura 3 apresenta o número de horas utilizadas pelos técnicos de manutenção em intervenções preventivas e corretivas desde janeiro de 2012 a dezembro de 2013. Com base nesta análise pode dizer-se que os técnicos se dedicam maioritariamente a intervenções corretivas.

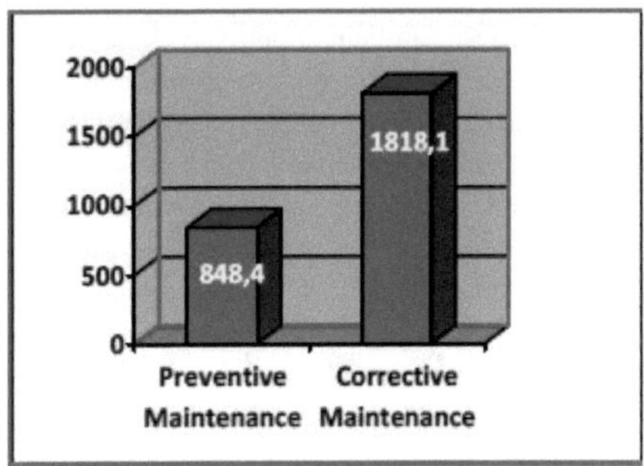

Figura 2.4 Horas gastas em manutenção

Atribuição da manutenção preventiva

O planeamento dos trabalhos de manutenção preventiva é efectuado mensalmente com recurso a uma folha de Excel onde são distribuídos os vários equipamentos da área pelos respectivos técnicos. A figura 4 mostra um extrato da atribuição da manutenção preventiva nos meses de maio, junho e julho.

Equipment	May	June	July
U2000005	Technician A	Technician B	Technician C
U2000006	Technician A	Technician B	Technician C
U2000007	Technician A	Technician B	Technician C
U2000008	Technician A	Technician B	Technician C
U2000338	Technician C	Technician A	Technician B
U2000339	Technician C	Technician A	Technician B
U2000352	Technician C	Technician A	Technician B
U2000380	Technician C	Technician A	Technician B
U2000381	Technician C	Technician A	Technician B
U202000430	Technician B	Technician C	Technician A
U202000431	Technician B	Technician C	Technician A
U202000547	Technician B	Technician C	Technician A
U202000548	Technician B	Technician C	Technician A

Figura 2.5 Programação da manutenção preventiva

Observando a figura podemos verificar que existe uma rotatividade nas tarefas. O equipamento atribuído ao técnico A e as respectivas tarefas de manutenção serão atribuídas no mês seguinte ao técnico B, as tarefas atribuídas ao técnico B serão atribuídas no mês seguinte ao técnico C, e as tarefas atribuídas ao técnico C serão atribuídas ao técnico A.

Este tipo de programação, atribuindo aproximadamente o mesmo número de equipamentos a cada técnico, é inadequado pois não garante uma programação mensal de trabalho justa por parte dos técnicos, uma vez que todos os meses há diferentes tipos de intervenções a executar em equipamentos com diferentes durações.

A Figura 2.6 mostra, de acordo com o plano e distribuição de tarefas estabelecido e especificado na Figura 2.5, o número de horas que os três técnicos têm de realizar no final do ano. Analisando a figura acima referida, verifica-se que não existe equidade em termos de carga horária entre os técnicos, existindo no final do ano uma diferença de 187 horas entre os técnicos com maior e menor carga horária.

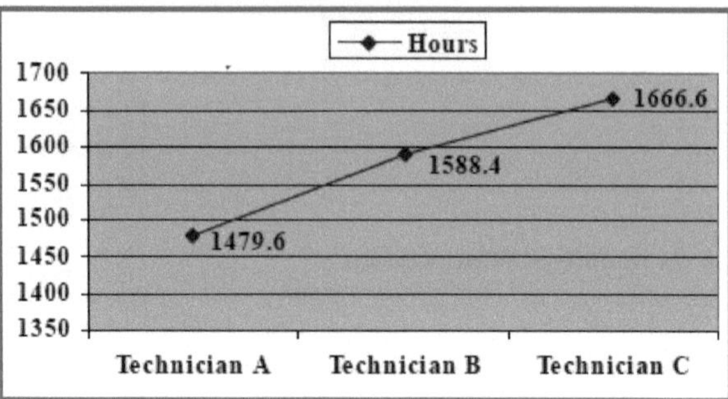

Figura 2.6 Carga de trabalho anual de cada técnico de serviço

Execução das propostas de melhoria

A análise do modelo de organização e gestão da manutenção da fábrica e dos registos de operações permite identificar oportunidades de melhoria, nomeadamente:

- Utilizar a análise dos registos históricos e de falhas das intervenções para a melhoria contínua do serviço de manutenção e do desempenho do equipamento;
- Ajuste e criação de instruções de trabalho de manutenção preventiva;
- Alteração do calendário e da afetação das tarefas de manutenção preventiva;
- Melhorar o planeamento dos trabalhos de manutenção preventiva. Espera-se que as alterações identificadas pela análise aumentem a percentagem de realização da manutenção preventiva.

A implementação de alterações no sistema de manutenção teve em conta o potencial do software de apoio à manutenção.

a) Normalização das instruções de manutenção preventiva

Devido à necessidade de uniformizar o processo de trabalho de manutenção preventiva, de forma a otimizar a utilização dos recursos humanos, foram criadas novas normas para a execução das ordens de trabalho. Estas novas fichas são designadas por Standard Operation Sheet (SOS) e Work Element Sheet (WES) e irão substituir as antigas instruções de trabalho de manutenção.

A substituição das antigas instruções de trabalho de manutenção por SOS e WES destina-se a melhorar as intervenções de manutenção preventiva, separando as intervenções simples das intervenções de manutenção cuja realização exige processos mais pormenorizados.

O principal objetivo do SOS é descrever as tarefas de manutenção preventiva com pouca complexidade e o principal objetivo do WES é descrever em pormenor as tarefas SOS que têm de ser executadas de acordo com uma série de procedimentos mais pormenorizados.

Neste trabalho foram criadas 1174 instruções de manutenção preventiva em formato SOS e WES, através da consulta dos planos de manutenção recomendados nos manuais técnicos dos fabricantes de equipamentos e tendo em conta as opiniões dos técnicos de assistência.

Para além da criação do SOS e do WES, as acções descritas foram também divididas em tipo de intervenção e tipo de inspeção. Esta divisão em tarefas de intervenção e tarefas de inspeção permite aos técnicos de manutenção uma melhor gestão das tarefas que têm de realizar, uma vez que as tarefas de inspeção podem ser realizadas com o equipamento em funcionamento, o que poderá aumentar a percentagem de intervenções preventivas realizadas.

b). Atribuição de tarefas de manutenção preventiva

Como se pode observar na Figura 4, a distribuição das tarefas de manutenção foi efectuada dividindo o número de equipamentos técnicos pelo número das respectivas áreas de produção, sendo que cada técnico executou todas as instruções que estavam afectas aos equipamentos que lhe foram atribuídos no respetivo mês. Este facto originou um desequilíbrio de carga de trabalho entre os técnicos de manutenção fazendo com que a percentagem de intervenções preventivas em falta fosse elevada.

Para a redistribuição das tarefas de manutenção preventiva, foi realizada uma divisão em cada mês para que cada técnico realizasse a mesma carga de trabalho em termos de inspeção e intervenção.

A tabela 2.1 apresenta o exemplo das tarefas de manutenção preventiva a realizar em junho na área A1 e a respectiva carga de trabalho. Como se pode verificar pela tabela 2.1, no mês de junho tiveram de ser efectuadas 112 intervenções de manutenção preventiva, correspondendo a um total de 217,6 horas

Quadro 2.1 Tarefa de manutenção preventiva

Tarefas a realizar em junho na zona A1		
Categoria de intervenção	**Número de intervenções**	**Horas**
Mensal - Inspeção	32	70.4
Mensal - Inspeção	12	7.2
Trimestralmente - Inspeção	34	71
Trimestralmente - Inspeção	34	69
Total	112	217.6

Para que todos os técnicos da área realizem aproximadamente a mesma carga de trabalho de inspeção e intervenção, a carga de trabalho foi distribuída equitativamente pelos três técnicos de serviço considerando cada categoria de tarefas apresentada no Quadro I.

c). Rotatividade das tarefas de manutenção preventiva

Para que os técnicos fossem versáteis e capazes de efetuar todas as intervenções preventivas, manteve-se a rotatividade existente e a rotação passou a ser feita, não pelos equipamentos da respectiva área, mas pela frequência e categoria de cada instrução.

A Figura 2.7 mostra a distribuição equilibrada em termos de horas de instruções de manutenção preventiva na área A2 em junho.

Foram também estabelecidos planos de manutenção preventiva para serem impressos e colocados nas oficinas de manutenção, a fim de registar e verificar que tarefas foram ou não realizadas em cada mês, para uma maior concentração nas tarefas não realizadas.

Equipment	Monthly - Inspection	Monthly - Intervention	Bi-Monthly - Inspection	Quarterly - Inspection	Quarterly - Intervention
U2000005	Technician A			Technician A	Technician A
U2000006	Technician A			Technician A	Technician A
U2000007	Technician C				Technician A
U2000008	Technician A			Technician B	Technician C
U2000338	Technician B	Technician A	Technician A	Technician C	Technician A
U2000339	Technician C	Technician A	Technician B	Technician C	Technician A
U2000380					
U2000381	Technician C	Technician C		Technician C	Technician C
U202000430	Technician B				Technician A
U202000431	Technician C				Technician A
U202000547	Technician C				Technician C
U202000548	Technician C	Technician B		Technician B	Technician B

Figura 2.7 Distribuição das tarefas de manutenção preventiva

d). Estabelecer prioridades na realização de trabalhos de manutenção

Mensalmente, como não é possível completar o plano de manutenção preventiva, devem ser indicadas prioridades de intervenção para os equipamentos com maior histórico de falhas, uma vez que este facto é indicativo de uma baixa fiabilidade do equipamento, o que pode levar a elevadas perdas de custos de produção. Além disso, o tempo utilizado nas intervenções corretivas e preventivas é também um fator importante, uma vez que indica os equipamentos com maiores custos de manutenção manual.

Outra questão levantada na realização das instruções de manutenção preventiva foi a de que, quando determinadas intervenções não eram feitas, essa informação não estava disponível e não era tida em conta no planeamento e realização das intervenções do mês seguinte. A solução passa por indicar uma prioridade elevada para essa informação, de modo a que esta seja posteriormente apresentada na "lista de tarefas" que os técnicos imprimem para efetuar as instruções, sendo que no topo da lista aparecerão as tarefas com maior prioridade a serem realizadas em primeiro lugar.

e). Lista de controlo normalizada para as instruções de manutenção

Uma das oportunidades de melhoria observadas é a alteração do modelo de "lista de tarefas" que o técnico de serviço imprime para fazer o registo das tarefas realizadas.

O modelo da "lista de tarefas" proposto é uma lista das tarefas que o técnico tem de efetuar por mês, que discrimina o número da instrução, a data de início da tarefa, o nome do equipamento, a sua localização na fábrica, o tempo previsto para a conclusão da tarefa, a frequência da tarefa e a sua prioridade. A principal diferença entre o novo modelo proposto e o utilizado na fábrica é a possibilidade de registar a data e a hora de início e de fim da intervenção de manutenção. Uma vez que não é possível, de momento, fazer o registo diretamente no software, a informação pode ser posteriormente introduzida no software para calcular o tempo médio de execução de cada intervenção de manutenção (corretiva e preventiva).

Na "lista de tarefas", o técnico de serviço anota se as tarefas listadas foram realizadas ou não, o tempo (em minutos) que levou para realizar cada uma das tarefas e outras observações consideradas relevantes.

Impacto das alterações implementadas

Com a nova distribuição de tarefas implementada, foi possível reduzir a diferença de tempo anual entre o técnico com maior e menor carga de trabalho, equilibrando a carga de trabalho entre os técnicos e conseguindo que os técnicos realizem uma maior percentagem de tarefas. Esta distribuição contribui também para reduzir o sentimento de injustiça entre os técnicos, uma vez que havia técnicos com carga horária reduzida em relação aos colegas da mesma área.

Como se pode ver na Figura 2.8, a nova distribuição origina no final do ano uma diferença de apenas 15 horas entre o técnico com maior e menor carga horária, uma diferença pequena quando comparada com as 187 horas de diferença observadas na antiga distribuição

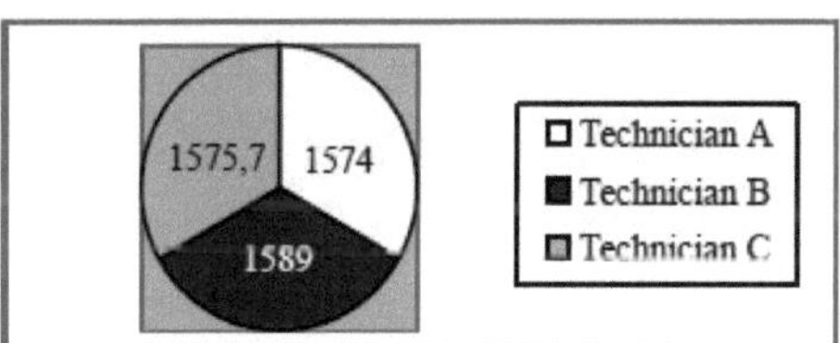

Figura 2.8 Horas gastas por cada técnico de manutenção

As alterações permitem aumentar o número de intervenções preventivas efetivamente realizadas de 21% para 29% no final do projeto. No entanto, o impacto será mais visível no final do ano, uma vez que continua a aumentar com a aplicação integral das alterações.

A Figura 2.9 mostra o aumento esperado da percentagem de implementação de intervenções preventivas em cada área da fábrica no final do ano.

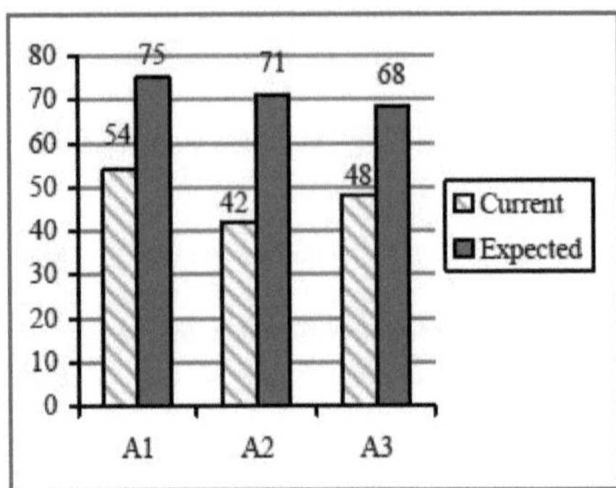

Figura 2.9 Percentagem de manutenção preventiva efectuada

Conclusões

Neste trabalho foram desenvolvidas instruções de manutenção preventiva, estudada a sua afetação por três técnicos e o seu planeamento ao longo do ano de forma a equilibrar a carga de trabalho dos técnicos e aumentar a percentagem de execução.

A estrutura das novas instruções foi bem recebida pelos técnicos, que rapidamente se familiarizaram com a divisão das instruções por tipo de intervenção e inspeção, bem como com a criação de Standard Operation Sheet (SOS) para tarefas simples e Work Element Sheet (WES) para tarefas mais específicas e detalhadas. O planeamento das intervenções preventivas teve também grande recetividade e aceitação por parte do responsável de manutenção e respectivos técnicos, uma vez que a carga mensal foi distribuída uniformemente.

Espera-se que as acções recomendadas e implementadas melhorem a eficiência e a eficácia da função de manutenção sem implicar um investimento significativo para a organização.

Capítulo - 3

MANUTENÇÃO PRODUTIVA TOTAL

3.1 Introdução

A Manutenção Produtiva Total (MPT) é um método para alcançar a máxima eficácia do equipamento através do envolvimento dos trabalhadores. (Gestão + Operadores + Manutenção) Pode ser considerada como a ciência médica das máquinas. A Manutenção Produtiva Total (MPT) é um programa de manutenção, que envolve um conceito recentemente definido para a manutenção de instalações e equipamentos. O objetivo do programa TPM é aumentar significativamente a produção e, ao mesmo tempo, aumentar a moral e a satisfação profissional dos trabalhadores.

A TPM coloca a manutenção em foco como uma parte necessária e de importância vital da atividade. Já não é considerada como uma atividade não lucrativa. O tempo de paragem para manutenção é programado como parte do dia de fabrico e, em alguns casos, como parte integrante do processo de fabrico. O objetivo é reduzir ao mínimo a manutenção de emergência e não programada.

3.2 Porquê a TPM?

A TPM foi introduzida para atingir os seguintes objectivos. Os mais importantes são enumerados a seguir.

- Evitar o desperdício num ambiente económico em rápida mutação.
- Produzir bens sem reduzir a qualidade do produto.
- Reduzir os custos.
- Produzir uma quantidade reduzida de lotes o mais cedo possível.
- As mercadorias enviadas aos clientes devem estar isentas de defeitos.

3.3 O que é que a TPM faz?

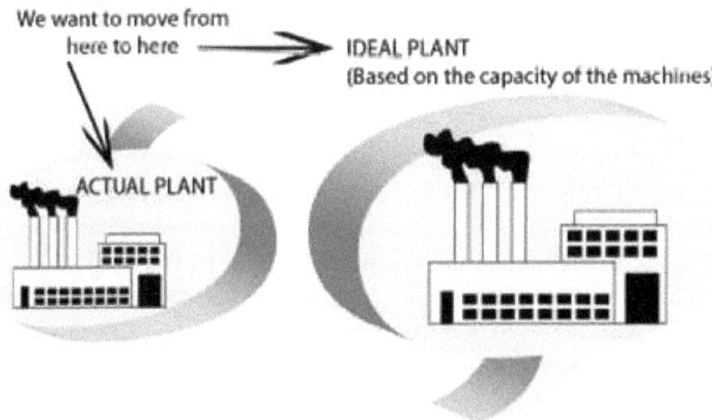

Figura 3.1 O TPM é muito simples

A TPM (Manutenção Produtiva Total) centra-se nos obstáculos a uma maior produção. É simples de descrever, mas não necessariamente simples de fazer!

Queremos obter mais produção a um custo mais baixo a partir do nosso conjunto de activos existentes, eliminando os desperdícios (Manutenção Lean), gerindo as perdas de produção (TPM) e reduzindo a variação no processo de produção (Gestão da Qualidade Total). Também queremos que a fábrica seja segura, ágil, flexível e um bom lugar para trabalhar.

3.4 História da TPM

A TPM é um conceito japonês inovador. A origem da TPM remonta a 1951, quando a manutenção preventiva foi introduzida no Japão. W.E. Deming viajou para o Japão no âmbito do Plano Marshall e deu início a um poderoso debate sobre a qualidade, que acabou por mudar o mundo. A realeza do que restava da indústria japonesa estava nas salas de formação. Viram que a busca da qualidade e da produção eficiente era a sua única vantagem. Não tinham recursos para além do que podiam construir e imaginar.

As ideias da TQM (Gestão da Qualidade Total) e os conceitos da PM eram apenas respostas parciais às questões da manutenção e da qualidade. Depois de muitas tentativas e erros, o esforço de PM evoluiu para TPM.

O conceito de manutenção preventiva foi retirado das práticas industriais americanas. A Nippondenso, do grupo Toyota, foi a primeira empresa a introduzir a manutenção preventiva em toda a fábrica, em 1960. A manutenção preventiva é o conceito em que os operadores produziam bens utilizando máquinas, enquanto o grupo de manutenção se dedicava à manutenção dessas máquinas. No entanto, com a automatização da Nippondenso, a manutenção tornou-se um problema, uma vez que era necessário mais pessoal de manutenção. Assim, a direção decidiu que a manutenção de rotina do equipamento seria efectuada pelos operadores. (Este é o início da manutenção autónoma, uma das caraterísticas do TPM). O grupo de manutenção encarregou-se apenas dos trabalhos de manutenção essenciais.

Assim, a Nippondenso, que já seguia a manutenção preventiva, acrescentou também a manutenção autónoma efectuada pelos operadores de produção. A equipa de manutenção foi libertada das suas tarefas de manutenção de rotina; em vez disso, procedeu à modificação do equipamento para melhorar a fiabilidade e a facilidade de manutenção. As modificações foram efectuadas ou incorporadas em todos os seus novos equipamentos. Estas tarefas têm como objetivo a prevenção da manutenção (MP). A MP ou Prevenção da Manutenção é a eliminação ou redução da necessidade de manutenção. Ao reduzir a fonte de sujidade, reduzimos também a necessidade de limpeza (um exemplo de prevenção da manutenção). Assim, a manutenção preventiva, juntamente com a prevenção da manutenção e a melhoria da capacidade de manutenção, deu origem à manutenção produtiva (MP). O objetivo da manutenção produtiva era maximizar a eficácia das instalações e dos equipamentos para alcançar um custo ótimo do ciclo de vida do equipamento de produção. Nessa altura, a Nippondenso estava a utilizar círculos de qualidade, envolvendo a participação dos trabalhadores. Todos os trabalhadores participaram na implementação da manutenção produtiva. Com base nestes desenvolvimentos, a Nippondenso foi galardoada com o prémio Distinguished Plant pelo Instituto Japonês de Engenheiros de Instalações

(JIPE) pelo desenvolvimento e implementação do TPM. A Nippondenso tornou-se a primeira empresa a obter a certificação TPM.

A TPM tornou-se uma parte do TPS (Sistema de Produção da Toyota). De acordo com Bob Williamson, um veterano de longa data das guerras do TPM, o TPS centra-se sistematicamente na identificação e eliminação de desperdícios para reduzir os custos de fabrico. Nas fábricas japonesas dessa época, a cultura era favorável ao envolvimento de todos no processo de produção.

Em muitos aspectos, a TPM é um regresso a um modelo de manutenção anterior a 1920. Antes da década de 1920, os operadores de máquinas eram mecânicos qualificados, pelo que se esperava que reparassem as suas próprias máquinas. Com o início da produção em massa, os operadores menos qualificados foram recrutados e os trabalhos de produção tornaram-se mais braçais. Muitos destes novos operadores eram imigrantes ou tinham acabado de sair da agricultura. A sua maior vantagem era o seu salário mais baixo e as longas horas que estavam dispostos a trabalhar.

À medida que o número de operadores de máquinas aumentava, a capacidade de reparar a sua própria máquina rapidamente desapareceu. A formação patrocinada pela empresa para melhorar as competências de cada um era inexistente. Em breve, este grupo, bem como a direção, esqueceram que estas pessoas tinham capacidades que excediam em muito as necessárias para serem operadores. Instalou-se a tradição de os operadores serem apenas carregadores de botões. O departamento de manutenção, tal como o conhecemos, desenvolveu-se nessa altura por necessidade, com especialistas em reparações e manutenção.

A forma como olhamos para as organizações está a evoluir para uma nova situação. Nos últimos 35 anos, as organizações têm vindo a reduzir as suas fileiras, a reduzir as despesas gerais e a otimizar os processos. Ao mesmo tempo, aumentámos a complexidade e a velocidade do equipamento e a nossa dependência de computadores, PLCs e controladores sofisticados. Atualmente, somos confrontados com equipas mais pequenas e com maiores exigências de manutenção do que nunca. A TPM recruta os operadores para a função de manutenção, para que possam efetuar as tarefas básicas de manutenção e para que se tornem os campeões da saúde da máquina. A TPM regressa às raízes anteriores a 1920, envolvendo novamente o operador nas actividades e decisões de manutenção.

O departamento de manutenção torna-se um grupo consultivo para ajudar na formação, na definição de normas, na realização de grandes reparações e na consultoria sobre ideias de melhoria da manutenção. Com o TPM, a manutenção torna-se mais estreitamente alinhada com a produção. Para que o TPM funcione, o conhecimento de manutenção deve ser disseminado por toda a hierarquia de produção. Os operadores devem ter um apoio completo e de alto nível durante todas as fases da transição e depois disso.

A TPM é um conceito japonês inovador. A origem da TPM remonta a 1951, quando a manutenção preventiva foi introduzida no Japão. Contudo, o conceito de manutenção preventiva foi retirado dos EUA. A Nippondenso foi a primeira empresa a introduzir a manutenção preventiva a nível das instalações em 1960. A manutenção preventiva é o conceito segundo o qual os operadores produziam bens utilizando máquinas e o grupo de manutenção dedicava-se à manutenção dessas máquinas. No entanto, com a automatização da Nippondenso, a manutenção tornou-se um problema, uma vez que era necessário mais pessoal de manutenção. Assim, a direção decidiu que os operadores realizariam a manutenção de rotina do equipamento. (Trata-se de manutenção autónoma, uma das caraterísticas do TPM). O grupo de manutenção ocupava-se apenas dos trabalhos de manutenção essenciais.

Assim, a Nippondenso, que já seguia a manutenção preventiva, acrescentou também a manutenção autónoma efectuada pelos operadores de produção. A equipa de manutenção intervinha na modificação do equipamento para melhorar a fiabilidade. As modificações eram efectuadas ou incorporadas em novos equipamentos. Isto conduziu à prevenção da manutenção. Assim, a manutenção preventiva, juntamente com a prevenção da manutenção e a melhoria da facilidade de manutenção, deu origem à manutenção produtiva. O objetivo da manutenção produtiva era maximizar a eficácia das instalações e do equipamento.

Nessa altura, a Nippon Denso tinha criado círculos de qualidade, envolvendo a participação dos trabalhadores. Assim, todos os trabalhadores participaram na implementação da manutenção produtiva. Com base nestes desenvolvimentos, a Nippondenso foi galardoada com o prémio de fábrica distinta pelo desenvolvimento e implementação da TPM, atribuído pelo Instituto Japonês de Engenheiros de Fábricas (JIPE). Assim, a Nippondenso do grupo Toyota tornou-se a primeira empresa a obter a certificação TPM.

Objectivos da TPM

Os objectivos da manutenção produtiva total são os seguintes

- Minimizar os custos
- Fiabilidade do equipamento
- Reduzir os acidentes
- Aumento do sentimento de pertença por parte dos trabalhadores
- Partilha de experiências e conhecimentos
- Atingir os objectivos
- Otimização dos horários de trabalho de cada empregado
- Mão de obra eficiente
- Evitar o desperdício
- Melhoria das competências dos trabalhadores
- Produção de bens sem comprometer a qualidade
- Mercadorias não defeituosas a enviar para o mercado de consumo
- Produzir bens o mais rapidamente possível através de uma avaria zero
- Envolvimento de pessoas em todos os níveis organizacionais
- Retificar as queixas dos clientes
- Manter o local de trabalho limpo e seguro

Caraterísticas da TPM

As principais caraterísticas da manutenção produtiva total são as seguintes

- Envolve os trabalhadores a todos os níveis e em todos os departamentos
- Incorpora a manutenção autónoma na rotina diária do operador

- Inicia actividades de grupo para monitorizar a utilização e a implementação da manutenção produtiva total em toda a organização
- Maximizar a utilização e a eficácia do equipamento
- Responsabilidade partilhada por pequenas reparações de rotina, manutenção, limpeza e inspeção

3.5 Revolução da TPM

A TPM é revolucionária. É um fator de mudança no chão de fábrica das organizações que podem ir até à manutenção autónoma. As ideias do TPM consistem em tornar o operador um parceiro sénior no esforço de produção. Estas ideias, importadas do Japão, criaram raízes em fábricas, refinarias, moinhos e centrais eléctricas em toda a América do Norte. São bem sucedidas porque nos obrigam a perceber que temos de utilizar cada vez mais as capacidades de cada empregado (e também dos vendedores!) para nos mantermos competitivos. Os operadores são tradicionalmente vistos como subutilizados na maioria das fábricas.

O operador da máquina é a peça chave num ambiente TPM. Muitas das perdas estão sob o controlo do operador, envolvem o operador, ou acontecem enquanto o operador está perto da máquina. Há menos dependência do departamento de manutenção para a manutenção básica (mas mais para os projectos de prevenção da manutenção, projectos de melhoria da produtividade, orientação, formação, resolução de problemas e tutoria). O controlo e a responsabilidade são transferidos para os operadores.

Embora o operador seja o ator principal, é a gestão que, em última análise, tem de fazer as escolhas certas. Keith Rimmer, consultor da consultora global Woodhouse Partnership, afirma de forma convincente que, para que uma empresa seja bem sucedida na gestão de activos, "é necessário que os processos sejam conduzidos de forma eficaz pela gestão de topo e apoiados por funcionários competentes e com poderes. Uma caraterística fundamental de uma gestão de activos bem sucedida é a tomada consistente de decisões sólidas e de bons compromissos, bem como a realização das tarefas adequadas no momento certo e com o nível ótimo de despesas. Acima de tudo, requer o empenho da gestão de topo, e é improvável que uma organização consiga integrar e otimizar a sua gestão de activos sem esse empenho."

Um efeito secundário interessante foi a aplicação dos princípios da TPM a ambientes de processo complexos, como centrais eléctricas, estações de tratamento de esgotos e de água e fábricas de produtos químicos. O operador de uma estação de tratamento de esgotos é uma pessoa muito diferente do operador de uma máquina. O operador de uma estação de tratamento de esgotos estudou e obteve uma licença. Estas posições requerem geralmente pessoal com qualificações mais elevadas do que as posições de operador de máquinas. Algumas das mesmas ideias podem ser aplicadas, mas a tarefa tem de ser revista por pessoal com conhecimentos sobre o funcionamento e a manutenção da estação. Numa secção posterior, iremos rever a razão pela qual o TPM foi desenvolvido em fábricas de montagem auto-móveis e não noutros tipos de negócios.

Nove elementos essenciais da TPM

1. Local de trabalho autónomo
2. Eliminação das 6 grandes perdas
3. Zero avarias
4. Zero defeitos
5. Vida útil e disponibilidade óptimas das ferramentas
6. Auto-aperfeiçoamento
7. Curto tempo de desenvolvimento da produção e baixo custo de vida da máquina
8. Produtividade nos serviços indirectos
9. Zero Acidentes

3.6 Objectivos TPM

1. Obter um mínimo de 90% de OEE (Overall Equipment Effectiveness)
2. Fazer funcionar as máquinas mesmo durante o almoço. (O almoço é para os operadores e não para as máquinas!)
3. Trabalhar de forma a que não haja queixas dos clientes.
4. Reduzir o custo de fabrico em 30%.
5. Obter 100% de sucesso na entrega das mercadorias, tal como solicitado pelo cliente.
6. Manter um ambiente livre de acidentes.
7. Aumentar em 3 vezes as sugestões dos trabalhadores/empregados. Desenvolver trabalhadores polivalentes e flexíveis.

Quadro 3.1 Objectivos das MPT

Motivos da TPM	1. Adoção da abordagem do ciclo de vida para melhorar o desempenho global do equipamento de produção. 2. Melhorar a produtividade através de trabalhadores altamente motivados, o que se consegue com o alargamento dos postos de trabalho. 3. A utilização de actividades voluntárias em pequenos grupos para identificar a causa da avaria, possíveis modificações das instalações e do equipamento.
Singularidade da TPM	1. A principal diferença entre a TPM e outros conceitos é o facto de os operadores também serem envolvidos no processo de manutenção. O conceito de "Eu (operadores de produção) opero, tu (departamento de manutenção) reparas" não é seguido.
Objectivos da TPM	1. Atingir Zero Defeitos, Zero Avarias e Zero Acidentes em todas as áreas funcionais da organização. 2. Envolver pessoas de todos os níveis da organização. 3. Formar diferentes equipas para reduzir os defeitos e a auto-manutenção.

Benefícios diretos da TPM	1. Aumento da produtividade e do OEE (Overall Equipment Efficiency) 2. Redução das reclamações dos clientes. 3. Redução do custo de fabrico em 30%. 4. Satisfazer as necessidades dos clientes a 100 % (entregar a quantidade certa, no momento certo e com a qualidade exigida). 5. Redução dos acidentes.
Benefícios indirectos da TPM	1. Maior nível de confiança entre os trabalhadores. 2. Um local de trabalho limpo, arrumado e atrativo. 3. Mudança favorável na atitude dos operadores. 4. Atingir os objectivos trabalhando em equipa. 5. Implantação horizontal de um novo conceito em todas as áreas da organização. 6. Partilhar conhecimentos e experiências. 7. Os trabalhadores têm a sensação de serem donos da máquina.

3.7 Semelhanças e diferenças entre TQM e TPM

O programa TPM assemelha-se muito ao popular programa de Gestão da Qualidade Total (TQM). Muitas das ferramentas, tais como a capacitação dos trabalhadores, a avaliação comparativa, a documentação, etc., utilizadas no TQM, são utilizadas para implementar e otimizar o TPM. Seguem-se as semelhanças entre os dois.

1. Em ambos os programas é necessário um empenhamento total no programa por parte da direção de nível superior
2. Os trabalhadores devem ter poderes para iniciar acções corretivas, e
3. Deve ser aceite uma perspetiva de longo prazo, uma vez que a TPM pode demorar um ano ou mais a ser implementada e é um processo contínuo. Também é necessário alterar a mentalidade dos trabalhadores relativamente às suas responsabilidades profissionais.

Tabela 3.2 Semelhanças e diferenças entre TQM e TPM

Categoria	TQM	TPM
Objeto	Qualidade (resultados e efeitos)	Equipamento (entrada e causa)
Principais meios para atingir o objetivo	Sistematizar a gestão. É orientado para o software	Participação dos trabalhadores e orientação para o hardware
Objetivo	Qualidade para PPM	Eliminação de perdas e resíduos.

3.8 Princípios da TPM

- Aumentar a eficácia global do equipamento (OEE)
- Atualizar as competências em matéria de operações e manutenção
- Envolvimento dos trabalhadores através de actividades em pequenos grupos

- Uma abordagem baseada em factos para a melhoria contínua

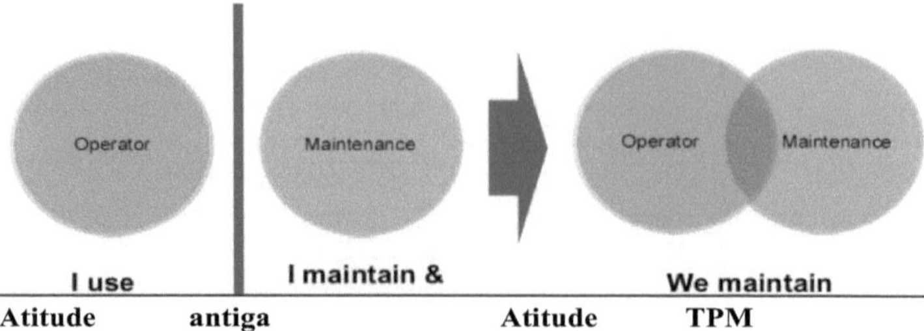

Atitude antiga Atitude TPM

Figura 3.2 TPM é uma mudança de paradigma

3.9 Objectivos das TPM

- Maximizar a eficácia do equipamento
- Zero avarias
- Zero defeitos
- Zero acidentes

3.10 Benefícios das TPM

- Aumento do tempo de funcionamento do equipamento
- Aumento da capacidade da fábrica
- Custos de manutenção e produção mais baixos
- Defeitos inferiores
- Reduzir os acidentes.
- Aumento da satisfação profissional
- Aumento da produtividade e do OEE (Overall Equipment Efficiency).
- Retificar as reclamações dos clientes.
- Reduzir em grande medida o custo de fabrico.
- Satisfazer as necessidades do cliente em quase 100 % (entregar a quantidade certa, no momento certo e com a qualidade exigida).
- Seguir as medidas de controlo da poluição.
- Maior nível de confiança entre os trabalhadores.
- Manter o local de trabalho limpo, arrumado e atraente.
- Mudança favorável na atitude dos operadores.
- Atingir os objectivos trabalhando em equipa.
- Implantação horizontal de um novo conceito em todas as áreas da organização.
- Partilhar conhecimentos e experiências.
- Os trabalhadores têm a sensação de serem donos da máquina.

3.11 Pilares da TPM

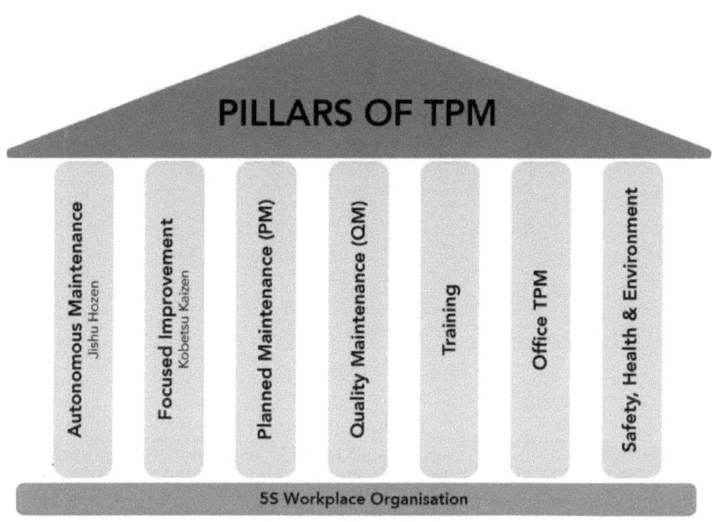

Figura 3.3 Pilares da TPM

O objetivo da TPM é aumentar significativamente a produção, juntamente com o aumento da moral e da satisfação profissional dos trabalhadores. Exige o empenhamento total da gestão de topo, a atribuição de poderes aos trabalhadores para iniciarem as acções de correção e a aceitação de planos a longo prazo em qualquer processo em curso. A TPM integra as actividades de manutenção e produção e envolve a participação dos trabalhadores a todos os níveis de gestão. O objetivo da TPM é conseguir zero avarias, zero defeitos e zero acidentes em todas as áreas funcionais de uma indústria. Desenvolve o conceito de manutenção autónoma e ajuda a criar pequenos grupos de trabalho destinados a minimizar os defeitos. A Figura 3.3 mostra oito pilares importantes do TPM, em que o 5S constitui a base. O conceito de manutenção autónoma permite que o operador assuma a responsabilidade total pela sua máquina, permitindo assim que o pessoal de manutenção se concentre nas questões de manutenção complexas.

PILAR 1 - 5S

O TPM começa com o 5S. É um processo sistemático de limpeza para alcançar um ambiente sereno no local de trabalho, envolvendo os empregados com o compromisso de implementar e praticar sinceramente a limpeza. Os problemas não podem ser vistos claramente quando o local de trabalho não está organizado. A limpeza e a organização do local de trabalho ajudam a equipa a descobrir os problemas. Tornar os problemas visíveis é o primeiro passo para a melhoria. O 5S é um programa de fundação antes da implementação do TPM, por isso, na figura acima, o 5S foi posicionado na base. Se este 5S não for levado a sério, então conduz ao 5D. Estes são: atrasos, defeitos, clientes insatisfeitos, lucros decrescentes e empregados desmoralizados. Seguem-se os pilares dos 5S.

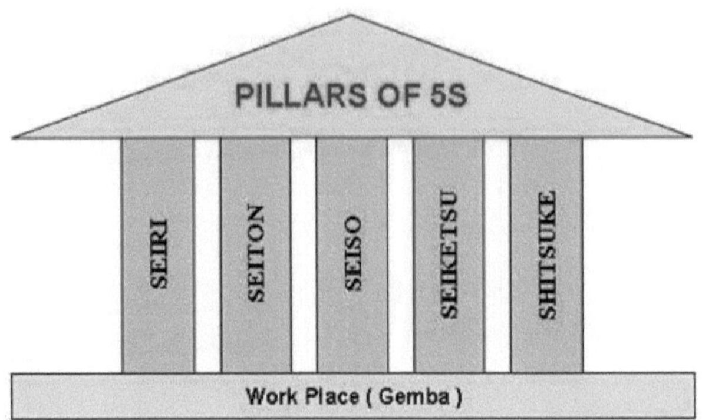

Figura 3.4 Pilares do 5S

Quadro 3.2 Pilares do 5S

Termo japonês	Tradução para inglês	Termo "S" equivalente
Seiri	Organização	Ordenar
Seiton	Arrumação	Sistematizar
Seiso	Limpeza	Varrer
Seiketsu	Normalização	Normalizar
Shitsuke	Disciplina	Auto - Disciplina

1. SEIRI - Separar

Isto significa classificar e organizar os artigos como críticos, importantes, frequentemente utilizados, inúteis ou artigos que não são necessários neste momento. Os artigos não desejados podem ser recuperados. Os artigos críticos devem ser mantidos para serem utilizados nas proximidades e os artigos que não serão utilizados num futuro próximo devem ser guardados num determinado local. Para esta etapa, o valor do artigo deve ser decidido com base na utilidade e não no custo. Como resultado deste passo, o tempo de pesquisa é reduzido.

Prioridade	Frequência de utilização	Como utilizar
Baixa	Menos de uma vez por ano, Uma vez por ano	Deitar fora, guardar longe do local de trabalho
Média	Pelo menos 2/6 meses, Uma vez por mês, Uma vez por semana	Armazenar em conjunto mas offline
Elevado	Uma vez por dia	Localizar no local de trabalho

2. SEITON - Organizar

O conceito aqui é que "cada objeto tem um lugar, e apenas um lugar". Os objectos devem ser recolocados no mesmo local após a sua utilização. Para identificar facilmente os artigos, devem ser utilizadas placas de identificação e etiquetas coloridas. Para o efeito, podem ser utilizadas prateleiras verticais e os artigos pesados devem ocupar a posição inferior das prateleiras.

3. SEISO - Dar brilho ao local de trabalho

Isto implica a limpeza do local de trabalho sem rebarbas, gordura, óleo, resíduos, sucata, etc. Não há fios soltos ou fugas de óleo das máquinas.

4. SEIKETSU - Normalização

Os funcionários têm de discutir em conjunto e decidir sobre as normas para manter o local de trabalho / as máquinas / os caminhos arrumados e limpos. Estas normas são implementadas em toda a organização e são testadas / inspeccionadas aleatoriamente.

5. SHITSUKE - Auto-disciplina

Considerar os 5S como um modo de vida e promover a auto-disciplina entre os trabalhadores da organização. Isto inclui o uso de crachás, o cumprimento dos procedimentos de trabalho, a pontualidade, a dedicação à organização, etc.

A aplicação dos 5S deve ser efectuada de forma faseada. Em primeiro lugar, a situação atual do local de trabalho deve ser estudada através da realização de uma auditoria 5S. Esta auditoria utiliza folhas de controlo para avaliar a situação atual. Esta folha de controlo é constituída por vários parâmetros que devem ser classificados numa base de 5 pontos para cada "S". As classificações indicam a situação atual. Cada um dos 5S acima referidos é implementado e a auditoria é efectuada a intervalos regulares para acompanhar os progressos e avaliar o sucesso da implementação. Após a conclusão da implementação dos 5S, podem ser realizadas auditorias aleatórias utilizando estas folhas de controlo para garantir que todos os trabalhadores do local de trabalho observam os 5S na sua verdadeira forma. Um exemplo de folha de controlo é apresentado abaixo. A folha de controlo abaixo apresentada tem em consideração uma indústria em geral. Pode variar de uma fábrica para outra e ser mais exaustiva. Os pontos abaixo indicados podem ser utilizados como orientações gerais.

Quadro 3.3 Um exemplo de folha de controlo dos 5S

1-S	**SEIRI (Separando)**	Pontuação com base em 5 pontos

	A área do piso do hangar está livre de objectos indesejados. Os tampos e o interior de todos os armários, prateleiras, mesas e gavetas estão livres de objectos indesejados. Cumprimento das regras de eliminação e de deteção de existências não móveis 1. Etiquetagem vermelha efectuada. 2. Manutenção das normas de eliminação 3. Limpeza regular de todas as áreas de armazenamento 4. Remoção regular do lixo e dos caixotes de lixo Os artigos são armazenados de acordo com a frequência de utilização. Os quadros de avisos estão livres de avisos antigos.	
2-S	**SEITON (ordem de colocação)**	
	Todos os corredores estão especificados e claramente assinalados e as máquinas têm etiquetas de identificação. Todos os equipamentos / ferramentas / ficheiros / armários, etc. estão organizados. Os armários para copos têm uma lista de índice colada na porta. As áreas de estacionamento são especificadas e marcadas para veículos, paletes, carrinhos, contentores do lixo, etc. O código de cores é efetivamente utilizado para facilitar a identificação sempre que necessário.	
3-S	**SEISO (Brilho)**	
	Todos os equipamentos, ferramentas, acessórios e mobiliário são mantidos num elevado nível de limpeza, os calendários de manutenção são apresentados e cumpridos. Os pavimentos, as paredes e as janelas são mantidos a um nível elevado de limpeza. Não há derrames de óleo ou poeiras na zona de trabalho. O aspeto geral da limpeza é o mesmo em todo o lado.	
4-S	**SEIKETSU (Normalização)**	
	Todos os corredores/passadiços têm um tamanho e uma cor normalizados. Todas as etiquetas e avisos são normalizados. São seguidos os procedimentos normalizados relacionados com a atividade. É organizada a eliminação periódica dos resíduos. Tipo de extintor, validação, posição em ordem. Caixa de primeiros socorros totalmente equipada. São seguidas e mantidas as normas de gestão visual, nomeadamente , sinais de aviso, rotulagem para identificação correta, listas de verificação de códigos de cores, etc.	

5-S	SHITSUKE (Auto-disciplina)	
	Uniformes / sobretudos / sapatos usados por todos. As máquinas, as luzes e as ventoinhas são desligadas sempre que não é necessário As normas ISO/empresa são apresentadas e seguidas. Pontualidade, respeito das regras de segurança e utilização de luvas e óculos de proteção.	

PILAR 2 - JISHU HOZEN (Manutenção autónoma)

Este pilar visa desenvolver nos operadores a capacidade de se ocuparem de pequenas tarefas de manutenção, libertando assim os técnicos de manutenção especializados para se dedicarem a actividades de maior valor acrescentado e a reparações técnicas. Os operadores são responsáveis pela manutenção do seu equipamento para evitar a sua deterioração. Com a utilização deste pilar, o objetivo é manter a máquina em estado novo. As actividades envolvidas são de natureza muito simples. Incluem a limpeza, a lubrificação, a inspeção visual, o aperto de parafusos soltos, etc.

Política:

1. Funcionamento ininterrupto dos equipamentos.
2. Operadores flexíveis para operar e manter outros equipamentos.
3. Eliminar os defeitos na origem através da participação ativa dos trabalhadores.

Passos em JISHU HOZEN:

1. Preparação dos empregados.
2. Limpeza inicial das máquinas.
3. Tomar medidas de combate
4. Corrigir as normas provisórias da JH
5. Inspeção geral
6. Inspeção autónoma
7. Normalização e

Cada uma das etapas acima mencionadas é analisada em pormenor a seguir.

1. Formar os empregados: Educar os empregados sobre a TPM, as suas vantagens, as vantagens da JH e os passos da JH. Educar os empregados sobre o equipamento que utilizam, a frequência da lubrificação, as actividades de manutenção diárias necessárias e as anomalias que podem ocorrer na máquina e a forma de descobrir as anomalias.

2. Limpeza inicial das máquinas:

- Organizar todos os objectos necessários para a limpeza.
- Na data combinada, os empregados limpam o equipamento com a ajuda do departamento de manutenção.
- O pó, as manchas, os óleos e a gordura têm de ser removidos.
- Ao limpar as fugas de óleo, é necessário ter em atenção os fios soltos, as porcas e

os parafusos desapertados e as peças gastas.

- Após a limpeza, os problemas são categorizados e devidamente etiquetados. As etiquetas brancas são colocadas nos locais onde os operadores podem resolver os problemas. As etiquetas cor-de-rosa são colocadas onde é necessária a ajuda do departamento de manutenção.
- O conteúdo da etiqueta é transferido para um registo.
- Tomar nota das zonas inacessíveis.
- As partes abertas da máquina são fechadas e a máquina está a funcionar.

3. Contra-medidas:

- As regiões inacessíveis tinham de ser facilmente alcançadas. Por exemplo, se houver muitos parafusos para abrir uma porta de volante, pode ser utilizada uma porta com dobradiças. Em vez de abrir uma porta para inspecionar a máquina, podem ser utilizadas placas de acrílico.
- Para evitar a saída de peças da máquina, devem ser tomadas medidas necessárias.
- As partes da máquina devem ser modificadas para evitar a acumulação de sujidade e poeira.

4. Norma provisória:

- O programa JH tem de ser feito e seguido rigorosamente.
- Deve ser elaborado um calendário relativo à limpeza, inspeção e lubrificação, que inclua também pormenores como quando, o quê e como.

5. Inspeção geral:

- Os empregados recebem formação em disciplinas como pneumática, eletricidade, hidráulica, lubrificantes e líquidos de refrigeração, accionamentos, parafusos, porcas e segurança.
- Isto é necessário para melhorar as competências técnicas dos trabalhadores e para utilizar corretamente os manuais de inspeção.
- Depois de adquirirem estes novos conhecimentos, os trabalhadores devem partilhá-los com os outros.
- Ao adquirirem estes novos conhecimentos técnicos, os operadores estão agora bem informados sobre as peças da máquina.

6. Inspeção autónoma:

- São utilizados novos métodos de limpeza e lubrificação.
- Cada trabalhador elabora o seu próprio mapa / horário autónomo em consulta com o supervisor.
- As peças que nunca deram problemas ou as peças que não necessitam de qualquer inspeção são retiradas da lista permanentemente com base na experiência.
- Incluindo peças de máquinas de boa qualidade. Deste modo, evitam-se os defeitos devidos a uma JH deficiente.
- A inspeção efectuada no âmbito da manutenção preventiva está incluída na JH.
- A frequência da limpeza e da inspeção é reduzida com base na experiência.

7. Normalização:

- Até à etapa anterior, apenas as máquinas/equipamentos eram a concentração. No entanto, nesta etapa, organiza-se a envolvente da maquinaria. Os artigos necessários devem ser organizados de modo a que não haja procura e o tempo de procura seja reduzido.
- O ambiente de trabalho é modificado de modo a que não haja dificuldade em obter qualquer artigo.
- Todos devem seguir rigorosamente as instruções de trabalho.
- As peças sobressalentes necessárias para o equipamento são planeadas e adquiridas.

PILAR 3 - KAIZEN

"Kai" significa mudança, e "Zen" significa bom (para melhor). Basicamente, o kaizen destina-se a pequenas melhorias, mas efectuadas numa base contínua e envolvendo todas as pessoas da organização. O Kaizen é o oposto das grandes inovações espectaculares. O Kaizen requer pouco ou nenhum investimento. O princípio subjacente é que "um grande número de pequenas melhorias é mais eficaz num ambiente organizacional do que algumas melhorias de grande valor". Este pilar tem como objetivo reduzir as perdas no local de trabalho que afectam a nossa eficiência. Através de um procedimento detalhado e minucioso, eliminamos as perdas de forma sistemática, utilizando várias ferramentas Kaizen. Estas actividades não se limitam às áreas de produção e podem ser implementadas também nas áreas administrativas.

Política Kaizen:

1. Praticar conceitos de zero perdas em todas as esferas de atividade.
2. Procura incessante de atingir os objectivos de redução de custos em todos os recursos
3. Procura incessante de melhorar a eficácia de todo o equipamento da fábrica.
4. Utilização alargada da análise PM como ferramenta de eliminação de perdas.
5. Foco na facilidade de manuseamento dos operadores.

Objetivo Kaizen:

Atingir e manter zero perdas no que diz respeito a pequenas paragens, medições e ajustes, defeitos e tempos de paragem inevitáveis. Tem também como objetivo alcançar uma redução de 30% nos custos de fabrico.

Ferramentas utilizadas no Kaizen:

1. Porquê - Análise do porquê.
2. Poka Yoke (Poka-Yoke é um termo japonês, que em inglês significa "Mistake Proofing" ou "error prevention").
3. Resumo das perdas.
4. Registo Kaizen.
5. Folha de resumo Kaizen.

O objetivo do TPM é a maximização da eficácia do equipamento. O TPM visa a maximização da utilização da máquina e não apenas a maximização da disponibilidade da máquina. Como um dos pilares das actividades TPM, o Kaizen procura a utilização eficiente do equipamento, do operador, do material e da energia, que é o extremo da produtividade e visa alcançar efeitos substanciais.

Classificação das perdas:

Quadro 3.4 Classificação das perdas

Aspeto	Perda esporádica	Perda crónica
Causalidade	As causas deste fracasso podem ser facilmente identificadas. A relação causa-efeito é simples de identificar.	Esta perda não pode ser facilmente identificada e resolvida. Mesmo que sejam aplicadas várias medidas de combate
Remédio	Fácil de estabelecer uma medida corretiva	Esta situação é causada por defeitos ocultos nas máquinas, equipamentos e métodos.
Impacto/perda	Uma única perda pode ser dispendiosa	Uma única causa é rara - uma combinação de causas tende a ser a regra
Frequência de ocorrência	A frequência de ocorrência é baixa e ocasional.	A frequência da perda é maior.
Tipo de análise necessária	Análise porquê-porquê. Neste caso, a pergunta "Porquê" é confrontada com o problema cinco vezes, durante as quais se chega à solução	É necessário um método intrincado e complexo. Isto inclui a análise de causa e efeito e a análise de correlação.
Ação corretiva	Normalmente, o pessoal da linha de produção pode resolver este problema.	São necessários especialistas em engenharia de processos, garantia de qualidade e pessoal de manutenção.

Seis grandes perdas no local de trabalho:

1. Falha de equipamento

A falha de equipamento é a perda de produção devido a um equipamento que não funciona. A produção pode não ter funcionado porque uma peça da máquina está avariada. As paragens não planeadas da produção ou o tempo de paragem da máquina são falhas de equipamento. As falhas de equipamento mais comuns são as falhas de ferramentas e as avarias.

Noutras ocasiões, a paragem da produção deve-se à falta de operadores ou máquinas disponíveis.

2. Configuração e ajustes

Setup e Ajustes é a perda de produção devido a mudanças ou ajustes do equipamento. Esta perda de produção também afecta a disponibilidade da máquina. Trata-se de uma paragem planeada do sistema de produção. Apesar de ser intencional, continua a ser responsável pela perda de disponibilidade da máquina. Um exemplo de perda de configurações e ajustes é a mudança de turno. Esta perda pode ser resolvida com a ajuda do programa SMED. SMED é a abreviatura de Single Minute Exchange of Dies (troca de moldes num minuto). Reduz o tempo de preparação.

3. Marcha lenta e paragens menores

A marcha lenta e as pequenas paragens são perdas de tempo de produção em que o equipamento pára durante um período muito curto (um ou dois minutos). O operador resolverá ele próprio esta interrupção. A perda afecta o desempenho da máquina. Exemplos de paragens menores e em vazio são

- Material de compota,
- Obstrução do fluxo,
- Definição incorrecta,
- Sensores bloqueados, e
- Limpeza rápida periódica.

Estas paragens são normalmente inferiores a 5 minutos e não requerem pessoal de manutenção. A produção continua depois de os operadores a repararem.

4. Velocidade reduzida

A Velocidade Reduzida é a perda de tempo de produção em que o equipamento funciona mais lentamente do que o Tempo de Ciclo Ideal. O tempo de ciclo ideal de produção é o tempo mais rápido que o equipamento demora a produzir uma unidade de artigo. Este tipo de atraso também afecta o desempenho da máquina. É também designado por Ciclos Lentos. Exemplos de perda de velocidade reduzida são

- Equipamento sujo ou gasto,
- Lubrificação deficiente,
- Materiais de qualidade inferior,
- Más condições ambientais,
- Inexperiência do operador,
- Arranque, e
- Encerramento

5. Defeitos do processo

Os defeitos de processo são a perda de produtividade devida a uma peça defeituosa durante a produção. Esta perda afecta a qualidade do processo de produção. Os defeitos incluem refugo e retrabalho. Alguns exemplos são

- Tratamento de erros,
- Definições incorrectas,
- Produtos que não cumprem as especificações do cliente

6. Rejeições de arranque

As rejeições no arranque referem-se à perda de produtividade devido ao facto de uma peça da máquina ter ficado defeituosa durante o arranque. Esta perda também afectará a qualidade do processo de produção. Os exemplos são

- Mudanças subótimas,
- Definição incorrecta e
- Equipamento com ciclos de aquecimento

No entanto, com o passar do tempo, mais perdas foram adicionadas à lista acima. Cada organização tem a sua própria classificação de perdas. Segue-se uma classificação elaborada que enumera 16 tipos de perdas.

Tabela 3.5 Tipos de perdas

Perda	**Categoria**
1. Perdas por avaria - Perdas por avaria 2. Perdas na instalação/regulação 3. Perda da lâmina de corte 4. Perda de arranque 5. Pequena paragem / perda de ralenti. 6. Perda de velocidade - funcionamento a baixas velocidades. 7. Perda de defeitos / retrabalho 8. Perda de tempo de inatividade programada	Perdas que impedem a eficiência do equipamento
9. Perda de gestão 10. Perda de movimento operacional 11. Perda de organização da linha 12. Perda logística 13. Perdas de medição e ajustamento	Perdas que impedem a eficiência do trabalho humano
14. Perda de energia 15. Perda por quebra de matrizes, gabaritos e ferramentas 16. Perda de rendimento.	Perdas que impedem uma utilização eficaz dos recursos de produção.

PILAR 4 - MANUTENÇÃO PLANEADA

O seu objetivo é ter máquinas e equipamentos sem problemas que produzam produtos sem defeitos para a satisfação total do cliente. A manutenção divide-se assim em quatro "famílias" ou grupos, definidos anteriormente.

1. Manutenção preventiva
2. Manutenção de avarias
3. Manutenção corretiva
4. Prevenção da manutenção

Com a manutenção planeada, evoluímos os nossos esforços de um método reativo para um método pró-ativo e utilizamos pessoal de manutenção formado para ajudar a formar os operadores para uma melhor manutenção do seu equipamento.

Política:

1. Conseguir e manter a disponibilidade das máquinas
2. Custo de manutenção ótimo.
3. Reduz o inventário de peças sobresselentes.
4. Melhorar a fiabilidade e a capacidade de manutenção das máquinas.

Objetivo:

1. Zero falhas e avarias no equipamento.
2. Melhorar a fiabilidade e a capacidade de manutenção em 50 %
3. Reduzir o custo de manutenção em 20 %
4. Assegurar a disponibilidade permanente de peças sobresselentes.

Seis etapas da manutenção planeada:

1. Avaliação do equipamento e recodificação do estado atual.
2. Restaurar a deterioração e melhorar a fraqueza.
3. Criação de um sistema de gestão da informação.
4. Preparar um sistema de informação baseado no tempo, selecionar equipamento, peças e membros e traçar um plano.
5. Preparar o sistema de manutenção preditiva através da introdução de técnicas de diagnóstico do equipamento e
6. Avaliação da manutenção planeada.

PILAR 5 - MANUTENÇÃO DA QUALIDADE

O seu objetivo é satisfazer o cliente através da mais elevada qualidade e de um fabrico sem defeitos. A tónica é colocada na eliminação de não conformidades de uma forma sistemática, à semelhança da Melhoria Focada. Compreendemos quais as partes do equipamento que afectam a qualidade do produto e começamos a eliminar os problemas de qualidade actuais, passando depois para os problemas de qualidade potenciais. A transição é de reactiva para proactiva (Controlo de Qualidade para Garantia de Qualidade).

As actividades da GQ consistem em estabelecer condições de equipamento que impeçam defeitos de qualidade, com base no conceito básico de manter um equipamento perfeito para manter uma qualidade perfeita dos produtos. O estado é verificado e medido em séries cronológicas para garantir que os valores medidos se encontram dentro dos valores normalizados para evitar defeitos. A transição dos valores medidos é observada para prever a possibilidade de ocorrência de defeitos e para tomar medidas preventivas antecipadamente.

Política:

1. Condições sem defeitos e controlo dos equipamentos.
2. Actividades de gestão da qualidade para apoiar a garantia da qualidade.

3. Foco na prevenção de defeitos na fonte.
4. Concentrar-se no poka-yoke. (Sistema à prova de idiotas)
5. Deteção e segregação de defeitos em linha.
6. Implementação efectiva da garantia de qualidade do operador.

Objetivo:

1. Atingir e manter as reclamações dos clientes a zero
2. Reduzir os defeitos durante o processo em 50
3. Reduzir o custo da qualidade em 50 %.

Requisitos de dados:

Os defeitos de qualidade são classificados como defeitos do cliente final e defeitos internos. Para os dados do cliente, é necessário obter dados sobre

1. Rejeição da linha final do cliente
2. Queixas no terreno.

Internamente, os dados incluem dados relativos a produtos e dados relativos a processos

Dados relativos ao produto:

1. Defeitos relacionados com o produto
2. Gravidade do defeito e sua contribuição - maior/menor
3. Localização do defeito em relação à planta
4. Magnitude e frequência da sua ocorrência em cada fase da medição
5. Tendência de ocorrência no início e no fim de cada produção/processo/mudanças. (Como mudança de padrão, revestimento de panelas/fornos, etc.)
6. Tendência de ocorrência no que respeita à reparação de avarias/modificações/substituição periódica de componentes de qualidade.

Dados relacionados com os processos:

1. As condições de funcionamento de cada subprocesso estão relacionadas com o homem, o método, o material e a máquina.
2. As definições/condições standard do subprocesso
3. O registo real das definições/condições durante a ocorrência do defeito.

PILAR 6 - FORMAÇÃO

O objetivo é ter funcionários revitalizados e polivalentes, com um moral elevado e com vontade de trabalhar e desempenhar todas as funções necessárias de forma eficaz e independente. A formação é dada aos operadores para melhorar as suas competências. Não basta saber apenas o "saber-fazer", é preciso aprender também o "saber-porquê". Com a experiência, adquirem o "saber-fazer" para ultrapassar um problema e saber o que deve ser feito. Fazem-no sem saber qual é a causa do problema e porque o estão a fazer. Por isso, é necessário dar-lhes formação sobre o "saber porquê". Os trabalhadores devem ser formados para atingir as quatro fases da competência. O objetivo é criar uma fábrica cheia de especialistas. As diferentes fases das competências são

Fase 1: Não sabe.
Fase 2: Conhecer a teoria mas não saber fazer.
Fase 3: Pode fazer mas não pode ensinar
Fase 4: Pode fazer e também ensinar.

Política:

1. Centrar-se na melhoria dos conhecimentos, das competências e das técnicas.
2. Criar um ambiente de formação para a auto-aprendizagem com base nas necessidades sentidas.
3. Currículo de formação/ferramentas/avaliação, etc., conducentes à revitalização dos trabalhadores
4. Formação para eliminar o cansaço dos trabalhadores e tornar o trabalho agradável.

Objetivo:

1. Atingir e manter o tempo de inatividade devido à falta de homens a zero em máquinas críticas.
2. Atingir e manter zero perdas devido à falta de conhecimentos / competências / técnicas
3. O objetivo é obter uma participação de 100 % no sistema de sugestões.

Etapas das actividades de educação e formação:

1. Definir políticas e prioridades e verificar a situação atual da educação e da formação.
2. Estabelecimento de um sistema de formação para a atualização das competências de funcionamento e manutenção.
3. Formação dos empregados para atualização das competências de operação e manutenção.
4. Preparação do calendário de formação.
5. Arranque do sistema de formação.
6. Avaliação das actividades e estudo da abordagem futura.

PILAR 7 - TPM DE ESCRITÓRIO

A TPM do escritório deve ser iniciada após a ativação dos outros quatro pilares da TPM (JH, Kaizen, QM, PM). O TPM do escritório deve ser seguido para melhorar a produtividade, a eficiência nas funções administrativas e identificar e eliminar perdas. Isto inclui a análise de processos e procedimentos para aumentar a automatização do escritório. O Office TPM aborda doze grandes perdas. São elas

1. Perda de processamento
2. Perdas de custos, nomeadamente em domínios como as compras, a contabilidade, o marketing e as vendas, que conduzem a existências elevadas
3. Perda de comunicação

4. Perda de marcha lenta
5. Perda de instalação
6. Perda de precisão
7. Avaria de equipamento de escritório
8. Avaria nos canais de comunicação, linhas telefónicas e faxes
9. Tempo gasto na recuperação de informações
10. Não disponibilidade da situação correta das existências em linha
11. Reclamações dos clientes devido à logística
12. Despesas com despachos/compras de emergência.

Como iniciar o TPM do escritório?

O subcomité deve ser presidido por um quadro superior de uma das funções de apoio, por exemplo, o chefe do departamento financeiro, MIS, compras, etc. Devem ser incluídos no subcomité membros que representem todas as funções de apoio, bem como pessoas da produção e da qualidade. O TPM coordena os planos e orienta o subcomité.

1. Sensibilização de todos os departamentos de apoio para as TPM do escritório
2. Ajudando-os a identificar P, Q, C, D, S, M em cada função em relação ao desempenho da fábrica
3. Identificar as possibilidades de melhoria em cada função
4. Recolher dados relevantes
5. Ajudá-los a resolver problemas nos seus círculos
6. Crie um quadro de actividades onde os progressos sejam monitorizados de ambos os lados - resultados e acções, juntamente com os Kaizens.
7. Abranger todos os empregados e círculos em todas as funções.

Tópicos Kaizen para o TPM do escritório:

1. Redução das existências
2. Redução do tempo de execução de processos críticos
3. Perdas de movimento e espaço
4. Redução do tempo de recuperação.
5. Equalizar a carga de trabalho
6. Melhorar a eficiência do escritório, eliminando a perda de tempo na recuperação de informações, conseguindo uma avaria zero do equipamento de escritório, como as linhas telefónicas e de fax.

TPM do escritório e seus benefícios:

1. Envolvimento de todas as pessoas em funções de apoio para se concentrarem num melhor desempenho da fábrica
2. Área de trabalho mais bem aproveitada
3. Reduzir o trabalho repetitivo
4. Redução dos custos administrativos
5. Redução dos custos de manutenção de stocks
6. Redução do número de ficheiros

7. Produtividade das pessoas nas funções de apoio
8. Redução das avarias do material de escritório
9. Redução das queixas dos clientes devido à logística
10. Redução das despesas devido a expedições/compras de emergência
11. Mão de obra reduzida
12. Ambiente de trabalho limpo e agradável.

Alargamento do Office TPM aos fornecedores e distribuidores:

Isto é essencial, mas só depois de termos feito o máximo possível a nível interno. Com os fornecedores, conduzirá a uma entrega atempada, a uma melhor qualidade de entrada e a uma redução dos custos. Com os distribuidores, conduzirá a uma geração precisa da procura, a uma melhor distribuição secundária e à redução dos danos durante o armazenamento e o manuseamento. Em qualquer dos casos, teremos de os ensinar com base na nossa experiência e prática e destacar as lacunas do sistema que afectam ambas as partes. No caso de algumas das maiores empresas, estas começaram a apoiar agrupamentos de fornecedores.

PILAR 8 - SEGURANÇA, SAÚDE E AMBIENTE

Objetivo:

1. Nenhum acidente,
2. Zero danos para a saúde
3. Zero incêndios.

Nesta área, a atenção centra-se na criação de um local de trabalho seguro e de uma área circundante que não seja danificada pelos nossos processos ou procedimentos. Este pilar desempenhará um papel ativo em cada um dos outros pilares numa base regular.

É constituído um comité para este pilar, que inclui representantes dos funcionários e dos trabalhadores. O vice-presidente sénior (Técnico) dirige o comité. Na fábrica, é dada a maior importância à segurança. O diretor (segurança) ocupa-se das funções relacionadas com a segurança. Para consciencializar os trabalhadores, podem ser organizados regularmente vários concursos, como slogans de segurança, quiz, teatro, cartazes, etc., relacionados com a segurança.

3.12 Etapas envolvidas na implementação da Manutenção Produtiva Total

Fase 1

1. Identificar a zona-piloto

A existência de uma área-piloto antes da aplicação da manutenção produtiva total é uma vantagem, pois ajuda a obter a aceitação dos trabalhadores. Considerar os seguintes factos nesta avaliação inicial do nível de manutenção produtiva total

a) O que é mais fácil de melhorar? A seleção deste equipamento produzirá resultados positivos e imediatos

Prós - É a melhor oportunidade para obter resultados rápidos

Contras - Não testa o programa de manutenção produtiva total como outras opções disponíveis

b) Onde está o estrangulamento? A seleção de equipamento com base no ponto em que a produção está a ser travada proporcionará um retorno imediato através do aumento da produção.

Prós - Há um aumento imediato na produção total e oferece um retorno rápido

Contras - Opção de maior risco

c) O que é mais problemático? A reparação de equipamento problemático reforça o apoio ao programa de manutenção produtiva total.

Prós - A resolução de problemas reforça o apoio

Contras - menor rendibilidade

Se uma organização tem experiência ou assistência limitada em relação à manutenção produtiva total ou ao programa TPM, então a melhor escolha é a mais fácil de melhorar o equipamento

Se uma organização tiver conhecimentos moderados ou fortes relacionados com a manutenção produtiva total ou com o programa TPM, então a melhor opção é o equipamento de estrangulamento, porque se torna fácil reduzir os riscos potenciais através da criação temporária de stock

Certifique-se de que inclui uma ampla base de funcionários associados, incluindo gestores, pessoal de manutenção e operadores no processo de seleção de pilotos. Utilize um quadro de projeto para manter todos actualizados

Fase 2
Repor o equipamento em condições de funcionamento de excelência

Nesta fase, o conceito gira em torno do sistema 5S e da manutenção autónoma. É essencial utilizar o sistema 5S e manter o equipamento em óptimas condições através do desenvolvimento de um plano diretor para a implementação da manutenção produtiva total. Isto é possível através de

1. Colocar fotografias da área e do equipamento no seu estado atual no quadro do projeto
2. Remover o lixo, os detritos, as ferramentas não utilizadas e limpar a área
3. Organizar os componentes e ferramentas que são utilizados regularmente
4. Limpeza da área circundante e do equipamento
5. Colocar as fotografias melhoradas no quadro do projeto

Fase 3
Medir o OEE

Acompanhar o OEE através de software automatizado ou manualmente para o equipamento alvo regularmente para obter uma confirmação baseada em dados sobre o sucesso do programa. Categorizar todo o evento de paragem não planeada para saber onde a paragem está a ocorrer.

Fase 4

Resolver perdas significativas

Quando uma organização tem uma ideia das suas perdas, baseada em dados, é altura de abordar os problemas através da formação de um comité de manutenção produtiva total. É criada uma equipa multifuncional que inclui supervisores, pessoal de manutenção e operadores para dissecar os dados OEE e identificar a causa principal da perda.

Fase 5

Implementar a manutenção planeada - Integrar técnicas de manutenção proactiva para a implementação de um programa de manutenção produtiva total. Escolher os componentes que requerem manutenção proactiva. Identifique os pontos de tensão e utilize os intervalos para estabelecer os níveis de desgaste. Conceba agora um calendário de substituição de todos os elementos sujeitos a desgaste e desenvolva um processo normalizado para criar ordens de trabalho.

3.13 Eficácia global do equipamento (OEE)

A medida básica associada à Manutenção Produtiva Total (TPM) é o OEE. Este OEE realça a "capacidade oculta" efectiva de uma organização. O OEE não é uma medida exclusiva do bom funcionamento do departamento de manutenção. A conceção e a instalação do equipamento, bem como a forma como este é operado e mantido, afectam o OEE. Mede tanto a eficiência (fazer as coisas corretamente) como a eficácia (fazer as coisas corretamente) do equipamento. Incorpora três indicadores básicos de desempenho e fiabilidade do equipamento. Assim, o OEE é uma função dos três factores abaixo mencionados.

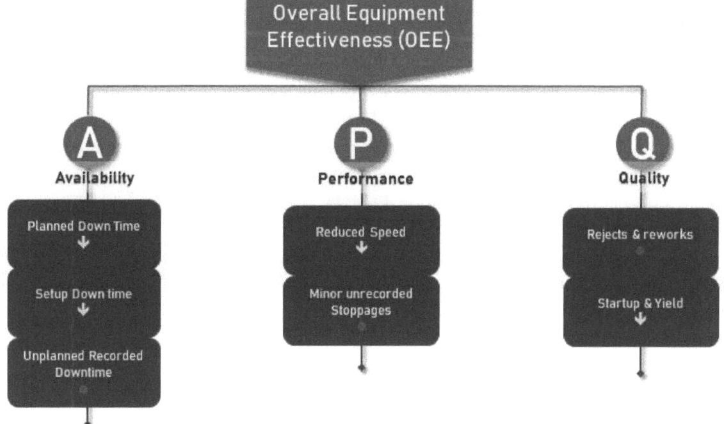

Figura 3.5 Factores OEE

1. Disponibilidade ou tempo de funcionamento (tempo de inatividade: planeado e não planeado, mudança de ferramenta, serviço de ferramenta, mudança de trabalho, etc.)
2. Eficiência de desempenho (capacidade real vs. capacidade projectada)
3. Taxa de qualidade da produção (defeitos e retrabalho)

Num ambiente ideal, todo o equipamento funcionaria sempre na sua capacidade máxima, produzindo produtos de boa qualidade. No entanto, na vida real, esta situação é quase inexistente. Simplificando, a eficácia global do equipamento, OEE, é uma medida do que foi efetivamente produzido em relação ao que poderia ter sido produzido em teoria durante esse período de tempo. A diferença entre a situação ideal (teórica) e a situação real deve-se a perdas. Estas perdas podem ser categorizadas em várias métricas que lhe fornecem dados excelentes que lhe permitem visar essa área específica e ajudá-lo a melhorar.

Factores OEE

A análise OEE começa com o tempo de funcionamento das instalações; a quantidade de tempo que as suas instalações estão abertas e disponíveis para o funcionamento do equipamento.

Do Tempo de Operação do Centro, subtrai-se uma categoria de tempo denominada Paragem Planeada, que inclui todos os eventos que devem ser excluídos da análise de eficiência porque não havia intenção de executar a produção (por exemplo, pausas, almoço, manutenção programada ou períodos em que não há nada para produzir). O tempo disponível restante é o Tempo de produção planeado.

O OEE começa com o Tempo de Produção Planeado e analisa as perdas de eficiência e produtividade que ocorrem, com o objetivo de reduzir ou eliminar essas perdas. Existem três categorias gerais de perdas a considerar - perda de tempo de paragem, perda de velocidade e perda de qualidade.

1. Disponibilidade: A disponibilidade tem em conta a perda de tempo de inatividade, que inclui quaisquer eventos que interrompam a produção planeada durante um período de tempo apreciável (normalmente vários minutos - tempo suficiente para ser registado como um evento rastreável). Os exemplos incluem falhas de equipamento, falta de material e tempo de mudança de produção. O tempo de mudança de produção é incluído na análise OEE, uma vez que é uma forma de tempo de paragem. Embora possa não ser possível eliminar o tempo de mudança, na maioria dos casos pode ser reduzido. O tempo disponível restante é designado por tempo de funcionamento.

2. Desempenho: O desempenho tem em conta a perda de velocidade, que inclui quaisquer factores que façam com que o processo funcione a uma velocidade inferior à máxima possível, quando em funcionamento. Os exemplos incluem o desgaste da máquina, materiais de qualidade inferior, alimentação incorrecta e ineficiência do operador. O tempo restante disponível é designado por Tempo Líquido de Funcionamento.

3. Qualidade: A Qualidade tem em conta a Perda de Qualidade, que contabiliza as peças produzidas que não cumprem os padrões de qualidade, incluindo as peças que requerem retrabalho. O tempo restante é designado por Tempo Totalmente Produtivo. O nosso objetivo é maximizar o tempo totalmente produtivo.

Tabela 3.6 Factores OEE

Perda de OEE	Fator OEE
Encerramento planeado	Não faz parte do cálculo do OEE.
Perda de tempo de inatividade	• A disponibilidade é o rácio entre o tempo de funcionamento e o tempo de produção planeado (o tempo de funcionamento é o tempo de produção planeado menos a perda de tempo de inatividade). • Calculado como o rácio entre o tempo de funcionamento e o tempo de produção planeado. • 100% de disponibilidade significa que o processo tem estado a funcionar sem quaisquer paragens registadas.
Perda de velocidade	• O desempenho é o rácio entre o tempo líquido de funcionamento e o tempo de funcionamento (o tempo líquido de funcionamento é o tempo de funcionamento menos a perda de velocidade). • Calculado como o rácio entre o tempo de ciclo ideal e o tempo de ciclo real ou, em alternativa, o rácio entre a taxa de execução real e a taxa de execução ideal. • 100% de desempenho significa que o processo tem estado a funcionar consistentemente à sua velocidade máxima teórica.
Perda de qualidade	• A qualidade é o rácio entre o tempo totalmente produtivo e o tempo de funcionamento líquido (o tempo totalmente produtivo é o tempo de funcionamento líquido menos a perda de qualidade). • Calculado como o rácio de Peças Boas para o Total de Peças. • 100% de qualidade significa que não houve rejeição ou retrabalho de peças.

As três categorias principais do OEE são a Disponibilidade, o Desempenho e a Qualidade. Medindo o desempenho em cada uma destas categorias e multiplicando o resultado, obtém-se o valor do OEE. Estas três categorias estão subdivididas naquilo que é conhecido como as "Seis Grandes Perdas" do OEE.

Cálculo do OEE e fórmula do OEE

Categoria OEE	Cálculo
Disponibilidade	Tempo de funcionamento / Tempo de produção planeado

Desempenho	Tempo de funcionamento líquido / Tempo de funcionamento
Qualidade	Tempo totalmente produtivo/ Tempo líquido de funcionamento

OEE = Disponibilidade X Desempenho X Qualidade

Assim, OEE = A x PE x Q
A - Disponibilidade da máquina. A disponibilidade é a proporção do tempo em que a máquina está efetivamente disponível em relação ao tempo em que deveria estar disponível.
Disponibilidade = Tempo de funcionamento / Tempo de produção planeado
Tempo de funcionamento = (tempo de produção planeado - tempo de inatividade não programado)
Tempo de produção = Tempo de produção planeado - Tempo de inatividade
As horas brutas disponíveis para produção incluem 365 dias por ano, 24 horas por dia, 7 dias por semana. No entanto, esta é uma condição ideal. O tempo de inatividade planeado inclui férias, feriados e cargas insuficientes. As perdas de disponibilidade incluem falhas de equipamento e mudanças, indicando situações em que a linha não está a funcionar, embora se espere que funcione.

PE - Eficiência de Desempenho. A segunda categoria do OEE é o desempenho. A fórmula pode ser expressa da seguinte forma:
Desempenho (velocidade) = (tempo de ciclo x número de produtos processados) / tempo de produção

O tempo de produção líquido é o tempo durante o qual os produtos são efetivamente produzidos. Perdas de velocidade, pequenas paragens, marcha lenta e posições vazias na linha indicam que a linha está a funcionar, mas não está a fornecer a quantidade que deveria.

Q - Refere-se à taxa de qualidade. Que é a percentagem de peças boas em relação ao total produzido. Por vezes designada por "rendimento". As perdas de qualidade referem-se à situação em que a linha está a produzir, mas há perdas de qualidade devido à produção em curso e às rejeições de aquecimento. Podemos expressar uma fórmula para a qualidade da seguinte forma:
Qualidade (Rendimento) = (Número de produtos transformados - Número de produtos rejeitados) / (Número de produtos transformados)

Referências OEE

O OEE é uma forma de medir o funcionamento do ativo em comparação com o seu potencial máximo. OEE (Overall Equipment Effectiveness) é uma métrica de "melhores práticas" que identifica a percentagem do tempo de produção planeado que é efetivamente produtivo. A pontuação OEE de 100 por cento representa uma produção perfeita: produção apenas de peças boas o mais rapidamente possível, sem tempo de paragem.

O OEE é benéfico tanto como referência como como linha de base:

- Como referência, o desempenho de um determinado ativo de produção pode ser comparado com os padrões da indústria, com activos internos semelhantes ou com os resultados de diferentes turnos que operam no mesmo ativo.
- Como referência, a melhoria da eliminação de resíduos de um determinado recurso de produção pode ser medida ao longo do tempo.
- Uma pontuação OEE de 100% é uma produção perfeita: Só são feitas peças boas, o mais rapidamente possível, sem qualquer tempo de paragem.
- Uma pontuação OEE de 85% é considerada de classe mundial para fabricantes discretos. É um objetivo de longo prazo adequado para muitas empresas.
- Uma pontuação OEE de 60% é bastante típica para fabricantes discretos, mas indica que ainda há espaço para melhorias.

A pontuação OEE de 40% não é de todo invulgar para as empresas de produção que estão apenas a começar a acompanhar e a melhorar o desempenho da produção. É uma pontuação baixa e pode ser facilmente melhorada na maioria dos casos através de acções simples (por exemplo, monitorizar as razões do tempo de paragem e discutir as maiores fontes de tempo de paragem - uma de cada vez). A Fig. 4.4 define o parâmetro de referência OEE

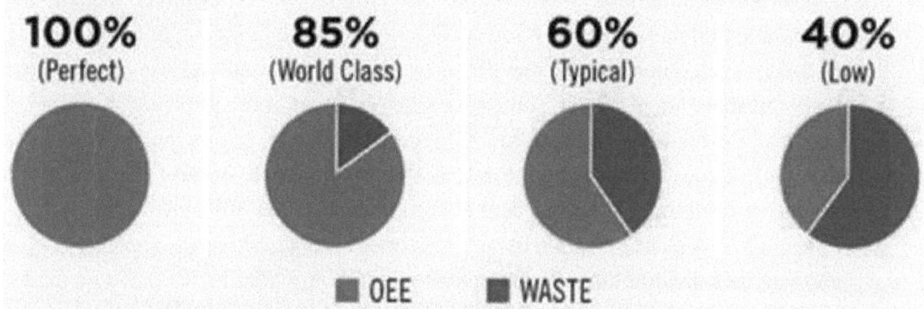

Figura 3.6 Pontuações de referência OEE

3.14 Vantagens da TPM

- Aumento da disponibilidade do equipamento - O processo de manutenção produtiva total ajuda a realizar actividades preventivas e inspecções de manutenção para minimizar as falhas do equipamento. Os operadores e trabalhadores recolhem informações sobre o tempo de inatividade da máquina para que possam prever potenciais falhas e as suas causas. A eliminação das causas de falha ajuda a aumentar a disponibilidade do equipamento
- Melhoria do desempenho dos equipamentos - O pessoal de manutenção e os operadores de equipamentos realizam regularmente actividades preventivas e inspecções dos equipamentos. Identificam os maus desempenhos dos equipamentos e diagnosticam as causas da diminuição dos desempenhos. O processo de manutenção produtiva total elimina as causas para melhorar a eficiência do desempenho

- Aumento dos níveis de qualidade do equipamento - O objetivo da manutenção produtiva total é identificar um plano de manutenção adequado e caraterísticas de controlo essenciais para evitar a degradação do desempenho
- Menos avarias - Como os operadores estão sempre atentos para identificar problemas, a probabilidade de avarias é mínima
- Ambiente seguro - A manutenção atempada conduz a menos avarias, o que resulta num ambiente de trabalho seguro e saudável
- Baixos custos de fabrico - Com o aumento da OEE ou eficiência global do equipamento, há uma diminuição dos custos de produção. É um facto que elevados níveis de produtividade equivalem a maiores lucros
- Redução do número total de efectivos
- As reclamações dos clientes são rectificadas rapidamente
- Uma diminuição dos níveis de poluição
- A mudança favorável na atitude do operador
- Maior nível de confiança nos empregados
- Menor fator de risco - Uma vez que o equipamento e o seu edifício são regularmente verificados, correm menos riscos de avaria sem aviso prévio. Assim, cria-se um ambiente de trabalho mais seguro para os empregados.
- Seguir um cronograma - Ao seguir um cronograma, é possível manter um orçamento enquanto mantém o seu edifício. Além disso, poderá manter um registo de todo o seu equipamento e identificar os momentos em que terá de o substituir.
- Vida útil mais longa do equipamento/edifício - Quando o equipamento está a ser verificado e mantido, será mantido na sua melhor forma, prolongando assim a sua vida útil. Com as inspecções de rotina aos componentes do edifício, tais como tubagens, caldeiras e telhados, também prolongará a vida útil do seu edifício.
- Poupança de dinheiro - Com o tempo, verá que está a gastar menos dinheiro porque não terá de substituir tanto o equipamento, bem como lidar com avarias de última hora. Embora ainda possa ser necessária alguma manutenção não planeada, a probabilidade de isso acontecer diminui quando o edifício e o equipamento são verificados regularmente. Em termos de propriedade, poderá detetar fugas no telhado antes que estas se agravem e repará-las rapidamente antes da formação de bolor e detritos.
- Menos desperdício de energia - Em geral, quando o equipamento não é mantido nas melhores condições possíveis, gasta mais energia, aumentando a sua fatura de serviços públicos. Se o equipamento for mantido corretamente, estará a poupar energia e dinheiro. A manutenção regular dos sistemas de iluminação e de refrigeração/aquecimento também ajuda a reduzir a fatura energética.
- Menos interrupções- Com verificações regulares, não será surpreendido quando algo correr mal. Será uma solução rápida, porque saberá o que tem de ser feito. Não haverá problemas quando se trata de fechar a sua propriedade e perturbar os seus trabalhadores, se ocorrer um grande problema.

3.15 Vantagens da TPM

- É considerado um processo moroso e difícil de implementar

- O método de manutenção produtiva total é dispendioso e nem todas as empresas podem dar-se ao luxo de o implementar no seu local de trabalho
- Mais dinheiro adiantado - Quando se inicia um plano de manutenção preventiva, a manutenção regular do equipamento e do edifício é mais dispendiosa do que se se esperasse que as coisas se avariassem.
- Manutenção excessiva - Devido à existência de um plano regular, por vezes, os itens podem não precisar de ser verificados com a frequência planeada. Se for esse o caso, pode alterar o seu plano de manutenção para verificar o equipamento ou as áreas específicas com menos frequência, mantendo, no entanto, um calendário.
- Mais trabalhadores - A manutenção preventiva exige mais trabalhadores porque é necessário efetuar controlos regulares. Em comparação com a manutenção reactiva, basta chamar alguém para uma reparação pontual. Em vez disso, este método exige que os trabalhadores estejam sempre no local e efectuem trabalhos diários.

3.16 Estudo de caso: IMPLEMENTAÇÃO DO TPM NO HOSPITAL EMPRESARIAL SELECCIONADO

Introdução

O estudo foi efectuado num hospital empresarial em Karnataka. O hospital foi inaugurado em 1 de agosto de 2001, com apenas 10 camas. Desde então, o número de camas aumentou para 200, com uma taxa de ocupação de 100%. O hospital trata, em média, cerca de 62 000 doentes por ano, incluindo doentes internacionais.

Principais especialidades

O hospital é bem conhecido pelas suas especialidades primárias como Ginecologia, Serviços de Diálise, Serviços de Laboratório e Radiologia. As clínicas especializadas são as Clínicas de Ginecologia e de Nefrologia.

Departamentos médicos

- Medicina geral
- Cirurgia geral
- Dermatologia
- Dentária
- ENT
- Pediatria
- Ginecologia
- Ortopedia
- Neurologia
- Neurocirurgia
- Urologia
- Oftalmologia
- Gastroenterologia
- Cardiologia

- Cirurgia Cardiotorácica
- Endocrinologia e Diabetes
- Cirurgia plástica
- Psiquiatria

Marcos históricos

- Os procedimentos ortopédicos raros realizados são a cirurgia minimamente invasiva de estabilização e fusão da coluna vertebral e a correção de 100 graus de deformidade da coluna vertebral num doente de 24 anos, utilizando uma técnica denominada rotação direta da coluna vertebral.
- Os procedimentos raros de CTVS foram o encerramento de fístula coronário-pulmonar bilateral e a substituição da válvula aórtica.
- Foi desenvolvido um novo agente de quimioterapia com aflibercept. Ziv-aflibercept (ZALTRAP), em combinação com 5-fluorouracil, leucovorin, irinotecan-(FOLFIRI), é indicado em doentes com cancro colorrectal metastático (mCRC) que é resistente ou avançou após um regime contendo oxaliplatina. O tratamento não operatório da lesão hepática de grau IV foi efectuado por embolização interventiva.
- Primeiro caso registado de cirurgia de carcinoma pancreático recorrente com reconstrução da veia porta.
- Foi desenvolvida uma estratégia de aplicação das TPM para aumentar o desempenho global do equipamento de ultra-sons e reduzir as suas falhas. O processo de trabalho do pessoal desenvolvido e as novas responsabilidades foram clarificados pelas técnicas de TPM com uma recomendação para medidas de desempenho adicionais.

Antes da implementação do TPM

O estudo de caso foi realizado no departamento de radiologia de um hospital empresarial para compreender o OEE atual de uma unidade de ecografia ultra-sónica com base em dados históricos de quatro meses. Os detalhes dos primeiros quatro meses do número total de exames realizados no equipamento e os detalhes relativos à falha e ao tempo de inatividade foram recolhidos do departamento de radiologia do hospital empresarial durante o ano de 2017.

Tabela 3.6 Os pormenores do número de ecografias antes da implementação do TPM

Mês	Número de exames
janeiro	768
fevereiro	660
março	752
abril	644
	Total= 2824

A redução da utilização do equipamento tem três componentes, que se prendem com a disponibilidade (A) do equipamento médico, a taxa de desempenho do equipamento médico (PE) e o desempenho da qualidade do rigor terapêutico do equipamento médico (Q).

A eficácia global do equipamento (OEE) = A X PE X Q

O cálculo dos componentes do OEE é apresentado de seguida.

Cálculo da disponibilidade (A):

- (a)Duração total: 627 horas
- (b) Número de falhas: 2
- (c) Tempo de paragem do equipamento: 55 horas
- Tempo médio entre falhas (MTBF):(a/b) = (627/2) = 313,5
- Tempo médio de reparação (MTTR): (c/b) = (55/2) = 27,5

Disponibilidade (A) = (MTBF - MTTR) / MTBF = (313,5-27,5)/313,5 = 0,9122

Cálculo da taxa de desempenho:

- (p)Tempo de ciclo ideal por doente: 0,2 horas.
- (q)Número de pacientes examinados: 2824
- (r)Tempo de funcionamento : 627 horas

Taxa de desempenho (PE) = (p X q) / r = (0,2 X 2824) / 627 = 0,9

A taxa de qualidade tem componentes importantes, ou seja, a cooperação do doente durante o exame, uma máquina calibrada sem artefactos de imagem e a seleção adequada dos parâmetros pelo técnico.

- (x) Número de imagens de doentes em boas condições obtidas na unidade de ecografia = 2824
- (y) Número de imagens de doentes obtidas na unidade de ultra-sons = 3105

Taxa de qualidade (Q) = x / y = 2824 / 3105 = 0,9095

OEE = A X PE X Q = 0,9122 X 0,9 X 0,9095 = 0,7466

Abordagem de correção

Plano de implementação das TPM:

1. Manutenção autónoma: Esta tem como objetivo melhorar os operadores para que sejam capazes de realizar actividades gerais de manutenção e, por isso, é importante compreender o problema que surge ao tentar gastar mais tempo na manutenção para contribuir com mais atividade para minimizar a paragem.

2. Manutenção focalizada: Inspeções e calibrações contínuas intencionais que resultam em zero perdas por tempo de inatividade não planejado, defeitos e evitam tempo de inatividade, medições e ajustes desnecessários.

3. Manutenção planeada: O planeamento da manutenção é vantajoso porque cria máquinas e equipamentos sem problemas, reduzindo assim o tempo de ciclo ideal/paciente e aumentando a taxa de desempenho do equipamento.

4. Manutenção da qualidade: As operações de manutenção da qualidade devem ser efectuadas de forma a reduzir o número de imagens rejeitadas ou defeituosas, o que implica menos investimentos durante o processamento desses itens defeituosos durante a maior parte do funcionamento do equipamento.

5. Educação e formação: Este é um dos pilares essenciais para o desenvolvimento de competências múltiplas entre os trabalhadores, de modo a que a produtividade do pessoal seja elevada e a qualidade do seu trabalho e desempenho aumentem.

6. Segurança, saúde e ambiente: O objetivo é garantir a segurança no trabalho e um ambiente seguro e saudável. Todas estas disposições proporcionam aos trabalhadores a possibilidade de efectuarem o seu trabalho de forma adequada.

7. TPM de escritório: Melhorar a taxa de produção, a rentabilidade e a eficiência das tarefas administrativas da indústria, eliminando perdas e restrições.

8. Gestão do desenvolvimento: Planear a execução do projeto, analisar os factores que influenciam a decisão do projeto, conceber novas ideias centradas no doente e aumentar a sua satisfação.

Foram implementadas as abordagens corretivas TPM acima referidas e, no segundo semestre, foram recolhidos pormenores relacionados com o mesmo equipamento de TAC, tendo sido calculada a eficácia global do equipamento.

Após a implementação do TPM

Após a implementação das estratégias de Manutenção Produtiva Total, nos quatro meses seguintes, foram recolhidos do departamento de radiologia do hospital da empresa pormenores sobre o número total de exames efectuados no equipamento de ultra-sons e pormenores sobre as falhas e o tempo de inatividade durante o ano de 2017.

Tabela 3.7 Os pormenores do número de ecografias após a implementação do TPM

Mês	Número de exames
maio	771
junho	783
julho	731
agosto	732
	Total= 3017

Cálculo da disponibilidade (A):

- (a)Duração total: 660 horas
- (b) Número de falhas: 1
- (c) Tempo de paragem do equipamento: 31 horas
- Tempo médio entre falhas (MTBF):(a/b) = (660/1) = 660
- Tempo médio de reparação (MTTR): (c/b) = (31/1) = 31

Disponibilidade (A) = (MTBF - MTTR) / MTBF = (660-31)/660 = 0,9530

Cálculo da taxa de desempenho:

- (p)Tempo de ciclo ideal por doente: 0,2 horas.
- (q)Número de pacientes examinados: 3017
- (r)Tempo de funcionamento : 660 horas

Taxa de desempenho (PE) = (p X q) / r = (0,2X3017)/660 = 0,9142

A taxa de qualidade tem componentes principais, ou seja, a cooperação do doente durante o exame, uma máquina calibrada sem artefactos de imagem e a seleção adequada dos parâmetros pelo técnico.

- (x) Número de imagens de doentes em boas condições obtidas na unidade de ecografia = 3017
- (y) Número de imagens de doentes obtidas na unidade de ultra-sons = 3222

Taxa de qualidade (Q) = x / y = 0,9363

OEE = A X PE X Q = 0,9535 X 0,9142 X 0,9363 = 0,8157

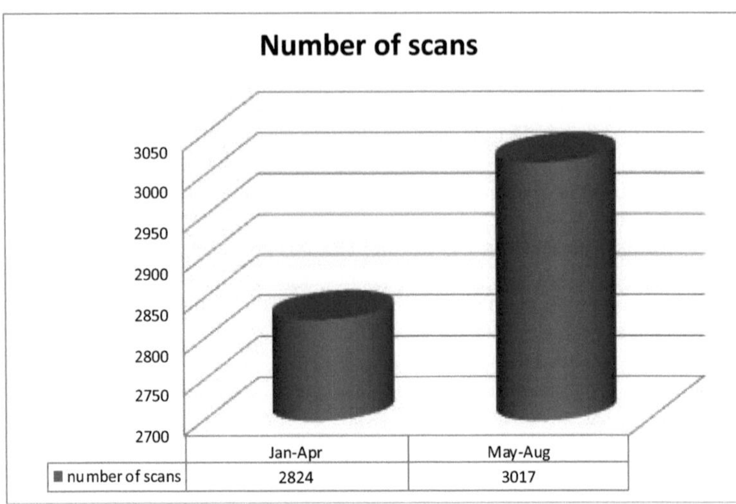

Figura 3.7 O aumento do número de exames utilizando o scanner de ultra-sons após a implementação do TPM

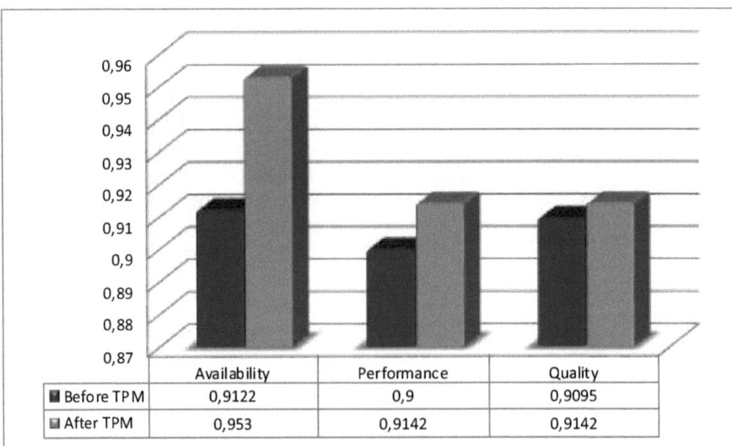

Figura 3.8 O gráfico de barras mostra o aumento da disponibilidade, da taxa de desempenho e da taxa de qualidade do equipamento de ecografia

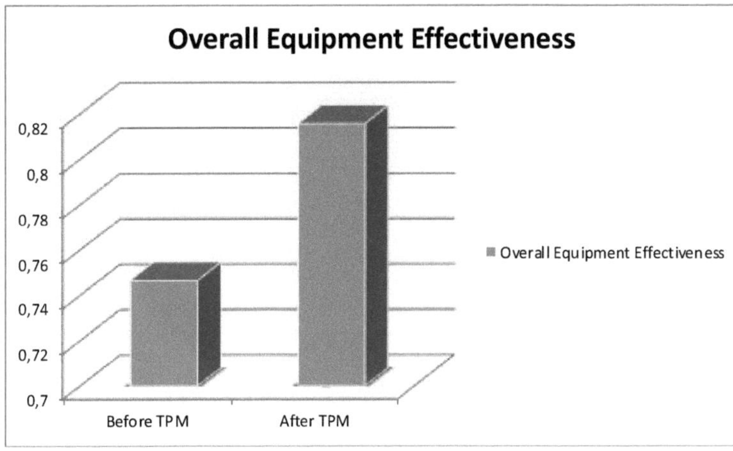

Figura 3.9 O gráfico de barras mostra o aumento da eficácia global do equipamento de ecografia

Análise de custos antes da implementação do TPM

Custo médio de cada ultrassom Sonografia= Rs 550

Tabela 3.8 O rendimento médio mensal da ecografia de ultra-sons antes da implementação do TPM

Mês	Número de exames	Rendimento médio dos exames
janeiro	768	Rs 4,22,400 (768 X 550)
fevereiro	660	Rs 3,63,000 (660 X 550)
março	752	Rs 4,13,600 (752 X 550)
abril	644	Rs 3,54,200 (644 X 550)
	Total= 2824	**Rendimento total=** **Rs 15,53,200** (2824 X 550)

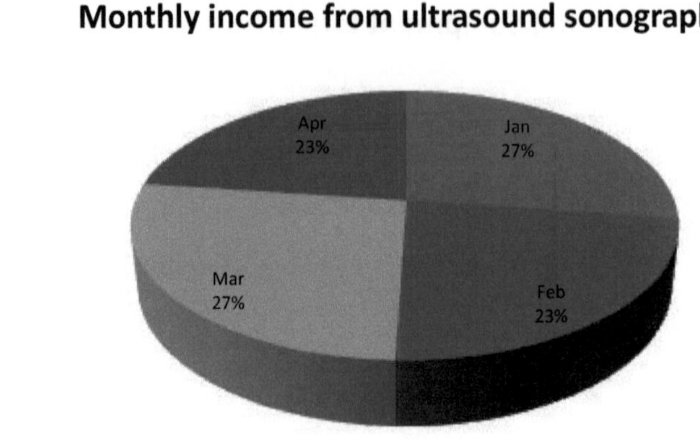

Figura 3.10 O rendimento médio mensal da ecografia de ultra-sons antes da implementação do TPM

Análise de custos após a implementação do TPM

Custo médio de cada ultrassom Sonografia= Rs 550

Tabela 3.9 O rendimento médio mensal do ultrassom Sonografia após a implementação do TPM

Mês	Número de exames	Rendimento médio dos exames
maio	771	Rs 4,24,050 (771 X 550)
junho	783	Rs 4,30,650 (783 X 550)
julho	731	Rs 4,02,050 (731 X 550)
agosto	732	Rs 4,02,600 (732 X 550)
	Total= 3017	**Rendimento total= Rs 16,59,350** (3017 X 550)

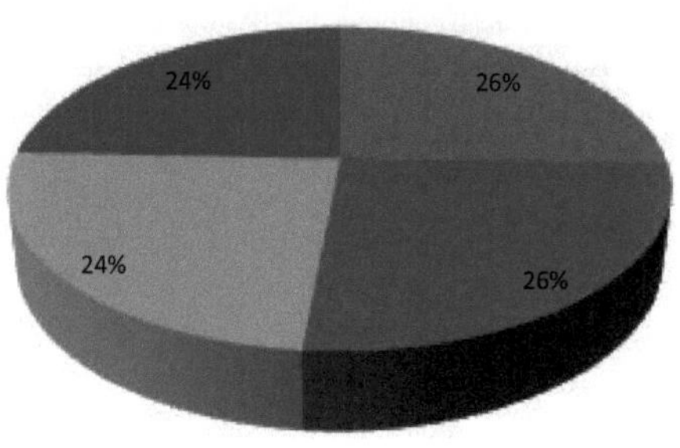

Figura 3.11 Rendimento médio mensal da ecografia de ultra-sons após o TPM

Aumento médio do rendimento após a implementação do TPM= (16,59,350 - 15,53,200) = Rs 1,06,150

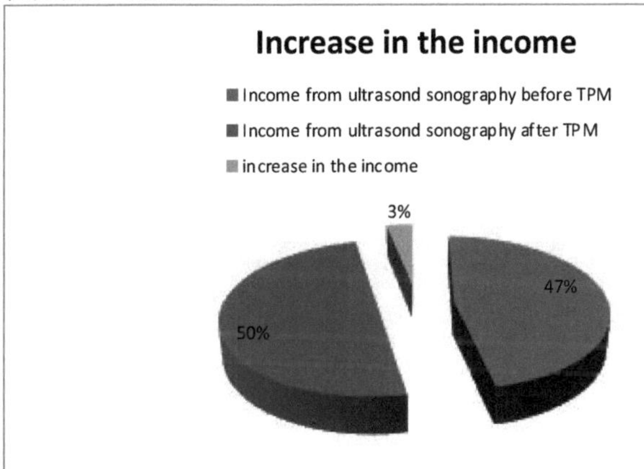

Figura 3.12 O aumento médio na produção de ultra-sons após a implementação do TPM

Conclusões do estudo

- A partir do trabalho acima referido, observámos que a eficácia global do equipamento de TAC aumentou 6,91%.
- Verificou-se que a disponibilidade do equipamento aumentou 4,08% com o aumento do número de exames devido à redução das falhas.

- Verificou-se que o desempenho do equipamento aumentou em 1,42% ao diminuir o tempo de ciclo ideal por doente.
- Verifica-se que a taxa de qualidade do equipamento aumentou 2,68%.
- O aumento do rendimento médio após a aplicação do TPM foi de 3%.
- Por conseguinte, a aplicação contínua da TPM no sector dos cuidados de saúde ajuda a reduzir as perdas e a acelerar a taxa de desempenho, a disponibilidade, a qualidade e, finalmente, a aumentar o OEE e, consequentemente, a aumentar a produtividade e a rentabilidade do sector dos cuidados de saúde.

Capítulo - 4

MANUTENÇÃO CENTRADA NA FIABILIDADE

4.1 Introdução

A manutenção centrada na fiabilidade (RCM) é um processo sistemático utilizado para determinar o que tem de ser feito para garantir que qualquer instalação física é capaz de cumprir continuamente as funções para que foi concebida no seu contexto de funcionamento atual.

A RCM conduz a um programa de manutenção que centra a manutenção preventiva (PM) em modos de avaria específicos susceptíveis de ocorrer. Qualquer organização pode beneficiar da RCM se as suas avarias representarem mais de 20 a 25% do volume total de trabalho de manutenção.

Um processo de manutenção centrado na fiabilidade (RCM) identifica sistematicamente todas as funções e falhas funcionais dos activos. Identifica também todas as causas prováveis para essas falhas. De seguida, procede à identificação dos efeitos destes modos de falha prováveis e à identificação da importância desses efeitos. Uma vez reunida esta informação, o processo RCM seleciona a política de gestão de activos mais adequada.

A manutenção centrada na fiabilidade é uma das ferramentas sistemáticas bem estabelecidas e uma ferramenta de instrução passo a passo para selecionar os tipos de operações de manutenção aplicáveis e adequados. Ajuda a analisar todos os modos de falha num sistema e a definir como prevenir ou detetar essas falhas precocemente.

A RCM considera todas as opções de gestão de activos: tarefa em condições, tarefa de restauro programado, tarefa de eliminação programada, tarefa de deteção de avarias e alteração pontual (na conceção do hardware, nos procedimentos operacionais, na formação do pessoal ou noutros aspectos do ativo fora do mundo estrito da manutenção). Esta consideração é diferente de outros processos de desenvolvimento da manutenção.

O termo "manutenção centrada na fiabilidade" apareceu pela primeira vez como título de um relatório sobre os processos utilizados pela indústria da aviação civil para preparar programas de manutenção de aeronaves. O relatório, elaborado pela United Airlines, foi encomendado pelo Departamento de Defesa dos EUA em 1974.

4.2 História da RCM

Compreender a história da RCM pode ajudá-lo a apreciar melhor o programa e a compreender melhor como o estabelecer na sua empresa. Tal como acontece com muitas formas avançadas de manutenção, as origens da manutenção centrada na fiabilidade começaram na indústria da aviação. Durante a década de 1960, a indústria aeronáutica estava prestes a construir o primeiro avião jumbo do mundo. O Boeing 747 estava a ganhar forma em Seattle, mas havia um problema: a manutenção preventiva *não seria* economicamente viável para manter o 747 em forma. A indústria precisava de repensar a sua estratégia de manutenção.

A United Airlines liderou uma reavaliação da estratégia de manutenção preventiva. Liderou uma revisão da importância da manutenção e da melhor forma de atingir os objectivos de manutenção. O resultado destes esforços foi a estratégia de manutenção centrada na fiabilidade. A United Airlines aplicou pela primeira vez a nova estratégia aos aviões do Departamento de Defesa (DoD) em 1972. Foi o DoD que baptizou a estratégia como manutenção centrada na fiabilidade e orientou a sua aplicação em todos os principais sistemas militares. O Airforce Institute of Technology oferece atualmente um curso sobre RCM e a Marinha publicou um manual sobre RCM.

Em 1983, o Electrical Power Research Institute (EPRI) iniciou estudos-piloto sobre a forma como a RCM poderia ser utilizada em centrais nucleares. Estes estudos levaram à aplicação em grande escala da RCM em centrais eléctricas fósseis e nucleares comerciais. Desde então, a RCM evoluiu e passou a ser utilizada na aviação comercial, bem como nas indústrias transformadora, da saúde, mineira e dos transportes, entre outras.

A RCM não só ajudou a identificar potenciais riscos e a mitigá-los, como também alinha as tarefas de manutenção com os objectivos empresariais e ajuda a alcançar a conformidade com os requisitos regulamentares, de segurança e ambientais. Embora nenhum sector tenha ainda adotado totalmente a RCM, a sua utilização tem-se tornado mais generalizada.

Atualmente, a Administração Federal de Aviação (FAA) exige que todos os proprietários e operadores de aeronaves tenham um programa de manutenção preventiva aprovado pela FAA. Trata-se de um dos muitos requisitos da certificação de tipo antes de uma aeronave ser licenciada pela FAA.

RCM como ferramenta de otimização das actividades de Operação e Manutenção

A RCM é uma ferramenta de tomada de decisão. Os programas de operações e manutenção podem beneficiar tanto os processos envolvidos na tomada de decisões, benefícios "soft", como os resultados, que resultam nas alterações aos programas de manutenção e operações. Seguem-se alguns exemplos:

- O ato de realizar o processo de tomada de decisão da GCR traz o benefício de promover uma melhor cooperação entre todos os envolvidos no processo.
- O processo exige que todas as tarefas estabelecidas sejam postas em causa com o objetivo de justificar a sua utilização continuada ou de as retirar/substituir por outras tarefas, promovendo assim uma atitude de questionamento saudável.
- O processo sensibiliza para as funções dos sistemas envolvidos, para as consequências de uma falha dessas funções e para os aspectos económicos do seu funcionamento e manutenção.

Os objectivos claros da RCM são melhorar a fiabilidade e otimizar a relação custo-eficácia das actividades de manutenção. Quando realizada de forma eficaz, resultará na eliminação de tarefas de manutenção desnecessárias e na introdução de medidas para resolver omissões e deficiências nos programas de manutenção.

4.3 Objectivos e princípios da GCR

Alguns dos objectivos importantes da GCR são os seguintes

- Desenvolver prioridades associadas à conceção que possam facilitar a PM.
- Recolher informações úteis para melhorar a conceção de itens com fiabilidade inerente comprovadamente insatisfatória.

- Desenvolver tarefas relacionadas com a PM que possam restabelecer a fiabilidade e a segurança aos seus níveis inerentes em caso de deterioração do equipamento ou do sistema.
- Para atingir os objectivos acima referidos quando o custo total é mínimo.

Muitos princípios da RCM são discutidos a seguir:

- A RCM está centrada no sistema/equipamento. A RCM preocupa-se mais com a manutenção do funcionamento do sistema do que com a manutenção do funcionamento dos componentes individuais
- A segurança e a economia orientam a RCM. A segurança é de importância primordial, pelo que deve ser assegurada a qualquer custo e, em seguida, a relação custo-eficácia torna-se o critério.
- A RCM é orientada para a função. A RCM desempenha um papel fundamental na preservação da função do sistema/equipamento e não apenas na sua operacionalidade.
- As limitações do projeto são reconhecidas pela RCM. O objetivo da RCM é manter a fiabilidade inerente à conceção do equipamento/sistema e, ao mesmo tempo, reconhecer que as alterações à fiabilidade inerente só podem ser feitas através da conceção e não da manutenção. A manutenção, na melhor das hipóteses, só pode atingir e manter um nível de fiabilidade concebido.
- A RCM é centrada na fiabilidade. A RCM não está demasiado preocupada com a simples taxa de falhas, mas dá importância à relação entre a idade de funcionamento e as falhas registadas. A RCM trata as estatísticas de falhas de uma forma atuarial.
- Uma condição insatisfatória é definida como uma falha pela RCM. Uma falha pode ser tanto uma perda de qualidade aceitável como uma perda de função.
- O RCM é um sistema vivo. A RCM recolhe informações a partir dos resultados alcançados e alimenta-as para melhorar a conceção e a manutenção futura.
- A RCM reconhece três tipos de tarefas de manutenção, juntamente com a execução até à falha. Estas tarefas são definidas como de deteção de falhas, orientadas para o tempo e orientadas para a condição. O objetivo das tarefas de deteção de falhas é descobrir funções ocultas que falharam sem fornecer qualquer indicação de falha pendente. As tarefas orientadas pelo tempo são programadas conforme considerado necessário. As tarefas orientadas pela condição são realizadas conforme as condições indicam a sua necessidade. A execução até à falha é uma decisão consciente na RCM.
- As tarefas de RCM devem ser eficazes. As tarefas devem ser rentáveis e tecnicamente sólidas.
- O RCM utiliza uma árvore lógica para selecionar as tarefas de manutenção. Isto proporciona consistência na manutenção de todos os tipos de equipamento.
- As tarefas de RCM devem ser aplicáveis. As tarefas devem reduzir a ocorrência de falhas ou melhorar os danos secundários resultantes da falha.

Processo RCM e questões associadas

O processo RCM é aplicado para determinar as tarefas de manutenção específicas a serem executadas, bem como para influenciar a fiabilidade e a capacidade de manutenção do item durante o projeto. Inicialmente, o processo RCM é aplicado durante a fase de conceção e desenvolvimento e depois reaplicado, conforme apropriado, durante a fase operacional para sustentar um programa de manutenção eficaz baseado na experiência no terreno. Qualquer processo RCM deve assegurar que todas as perguntas seguintes são respondidas eficazmente de acordo com a sua sequência:

- Quais são as funções e os níveis esperados associados ao desempenho da instalação no seu contexto operacional atual?
- Como é que pode não cumprir as funções que lhe foram atribuídas?
- Quais são as razões para cada falha funcional ou modo de falha?
- Quais são os efeitos de cada falha?
- Qual a importância de cada fracasso?
- Que medidas corretivas devem ser tomadas para evitar ou prever cada falha?
- Que medidas devem ser tomadas no caso de não se encontrar uma tarefa proactiva adequada?

4.4 O Processo RCM - Etapas Básicas

A RCM não é um processo autónomo, deve ser parte integrante dos programas de operação e manutenção. A introdução do processo RCM implicará mudanças nos processos de trabalho estabelecidos. Para que a introdução de tais mudanças seja bem sucedida, é importante que a gestão demonstre o seu empenho nas mudanças, possivelmente sob a forma de uma declaração de política e de envolvimento pessoal, e que sejam tomadas medidas para estabelecer o compromisso daqueles que estarão envolvidos ou serão afectados pelas mudanças. A RCM funciona melhor quando utilizada como um processo ascendente, envolvendo os que trabalham diretamente na operação e manutenção das instalações e equipamentos.

1. Preparação

A fase preparatória tem uma série de etapas que envolvem basicamente a seleção dos sistemas a analisar, a recolha dos dados necessários para a análise. Além disso, devem ser estabelecidas as regras de base ou os critérios a utilizar no processo de seleção e análise. Por exemplo: pressupostos-chave, critérios de avaliação críticos, critérios de avaliação não críticos e estabelecimento de um processo de revisão. As etapas podem ser resumidas da seguinte forma:

- Seleção do sistema
- Definição dos limites do sistema
- Aquisição de documentação e materiais
- Entrevistas com o pessoal da fábrica

2. Análise

Uma vez selecionados os sistemas para análise e concluídos os preparativos, a análise pode começar. A experiência no processo de análise é importante para uma tomada de decisão efectiva. Essa experiência pode existir na empresa de serviços públicos ou pode ser adquirida a prestadores de serviços especializados neste domínio.

Os dados contidos nos sistemas formais são geralmente muito abrangentes, mas a gestão do conhecimento não está tão bem desenvolvida nas centrais nucleares que toda a experiência seja capturada numa base de dados. Por esta razão, é importante que o pessoal com experiência local na operação e manutenção da central esteja envolvido no processo de análise.

A primeira fase do processo de análise é, portanto, a constituição de uma equipa com um leque de qualificações e de experiência adequado à tarefa. A análise compreende as seguintes etapas.

- Identificação das funções do sistema
- Análise de falhas funcionais do sistema
- Identificação do equipamento
- Fiabilidade e desempenho Recolha de dados
- Identificação dos modos de falha
- Identificação dos efeitos da falha
- Determinação da criticalidade dos componentes

3. Seleção de tarefas

Quando a análise estiver concluída, a parte seguinte do processo consiste em atribuir tarefas de manutenção adequadas aos sistemas e equipamentos identificados no processo de análise, de acordo com a importância que lhes é atribuída, sejam eles críticos ou não críticos. Esta parte do processo procurará estabelecer os meios mais eficazes em termos de custos para executar a estratégia de manutenção no que respeita à consecução dos objectivos de segurança, fiabilidade, ambientais e económicos.

O processo de seleção de tarefas utiliza várias formas de tomada de decisão lógica para chegar a conclusões de uma forma sistemática. Os resultados podem incluir:

- Manutenção preventiva
- Monitorização do estado
- Inspeção e testes funcionais
- Correr para o fracasso

4. Comparação de tarefas

Quando a seleção de tarefas estiver concluída e revista, as recomendações resultantes do processo de seleção de tarefas serão comparadas com as práticas de manutenção actuais. O objetivo desta comparação é identificar as alterações necessárias ao programa de manutenção e o impacto nos recursos e noutros compromissos.

5. Revisão da comparação de tarefas

Os resultados da análise conduzirão a uma alteração do programa de manutenção. É importante que essas alterações sejam consistentes com a filosofia de manutenção da instalação e com as obrigações regulamentares e sociais. Por esta razão, é importante que o processo e os seus resultados sejam sujeitos a uma revisão final.

6. Registos

A GCR deve fazer parte de um programa vivo. Os resultados do processo de análise e a implementação das recomendações terão um impacto na eficácia dos programas de operações e manutenção. Por conseguinte, é importante que todas as decisões, a sua fundamentação e as pessoas envolvidas na sua tomada sejam efetivamente registadas, de modo a que a informação esteja disponível para os responsáveis pelas revisões subsequentes da estratégia de manutenção.

4.5 Componentes do RCM

Os quatro principais componentes da RCM são apresentados na figura 4.1. São eles: manutenção reactiva, manutenção preventiva, testes e inspecções preditivos e manutenção proactiva. Cada componente é descrito a seguir

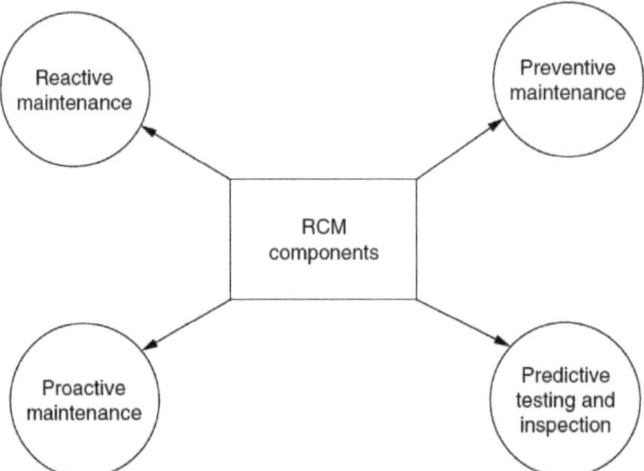

Figura 4.1 Componentes da RCM

1. MANUTENÇÃO REACTIVA

Este tipo de manutenção é também conhecido como manutenção de avaria, de reparação quando falha, de funcionamento até à falha ou de reparação. Ao utilizar esta abordagem de manutenção, a reparação, manutenção ou substituição do equipamento só ocorre quando a deterioração do estado de um item/equipamento resulta numa falha funcional. Neste tipo de manutenção, parte-se do princípio de que existe uma probabilidade idêntica de ocorrência de uma falha em qualquer peça, componente ou sistema. Quando a manutenção reactiva é praticada exclusivamente, é típica uma elevada substituição de inventários de peças, uma má utilização do esforço de manutenção e uma elevada percentagem de actividades de manutenção não planeadas. Além disso, um programa de manutenção totalmente reativo ignora as oportunidades de influenciar a capacidade de sobrevivência do equipamento/item.

A manutenção reactiva só pode ser praticada eficazmente se for levada a cabo como uma decisão consciente, baseada nas conclusões de uma análise RCM que compare o risco e o custo da falha com o custo da manutenção necessária para mitigar esse risco e o custo da falha. O quadro 3.1 apresenta um critério para determinar a prioridade da substituição ou reparação do artigo/equipamento avariado no programa de manutenção reactiva

Quadro 4.1 Classificações de prioridade da manutenção reactiva

Descrições de prioridades	Nível de prioridade	Critérios baseados nas consequências de falhas do sistema/equipamento
Emergência	I	Ameaça grave e com impacto imediato na missão segurança de vidas / bens
Uregente	II	Ameaça grave e iminente de impacto na continuidade da missão do funcionamento da instalação
Prioridade	III	O efeito significativo e adverso para o projeto é a degradação iminente da qualidade do apoio à missão
Rotina	IV	Impacto insignificante na missão existência de redundância
Discricionário	V	Os recursos estão disponíveis o impacto na missão é negligenciável
Diferido	VI	A indisponibilidade de recursos tem um impacto negligenciável na missão

2. MANUTENÇÃO PREVENTIVA

A manutenção preventiva (MP), também designada por manutenção baseada no tempo ou em intervalos, é efectuada independentemente do estado do equipamento. Consiste na inspeção periódica programada, substituição de peças, reparação de componentes/itens, ajustes, calibração, lubrificação e limpeza. A PM programa a inspeção e manutenção regulares em intervalos definidos para reduzir as falhas de equipamentos susceptíveis. É importante notar que, dependendo dos intervalos predefinidos, a prática da PM pode levar a um aumento significativo das inspecções e da manutenção de rotina. Por outro lado, pode ajudar a reduzir a frequência e a gravidade das falhas não planeadas. A manutenção preventiva pode ser dispendiosa e ineficaz se for o único tipo de manutenção praticado.

Tarefa PM e determinação da periodicidade da monitorização

Embora existam muitas formas de determinar a periodicidade correta das tarefas de PM, nenhuma delas é válida até que se conheçam as caraterísticas de fiabilidade da idade em serviço do item afetado pelas tarefas desejadas. Normalmente, este tipo de informação não está disponível, mas deve ser obtida para novos itens/equipamentos. A experiência passada mostra que as técnicas de teste e inspeção preditivos (PTI) são úteis para determinar o estado do artigo/equipamento em função da idade.

Frequentemente, o parâmetro tempo médio entre falhas (MTBF) é utilizado como base para determinar o intervalo PM. Esta abordagem é considerada errada porque não fornece informações sobre o efeito do aumento da idade na fiabilidade do item. Mais especificamente, a abordagem fornece a idade média em que a falha ocorre, mas não a idade mais provável para o item em consideração. No caso de informação inadequada sobre o efeito da idade na fiabilidade, a abordagem mais apropriada seria monitorizar a condição do item.

Monitorização de artigos/equipamentos

Os principais objectivos da monitorização do estado do artigo/equipamento são determinar o estado do artigo/equipamento e estabelecer uma tendência para prever o estado futuro do artigo/equipamento. As seguintes abordagens são úteis para definir a periodicidade inicial:

- Antecipação de avarias com base na experiência passada: Em alguns casos, o historial de falhas do equipamento e a experiência pessoal podem fornecer, até certo ponto, uma sensação intuitiva de quando se deve esperar uma falha.
- Estatísticas de distribuição de falhas: A distribuição de falhas e a probabilidade de falha devem ser conhecidas quando as estatísticas são utilizadas para determinar a base para a seleção de periodicidades.
- Abordagem conservadora: A prática comum no sector industrial é monitorizar o equipamento mensalmente/semanalmente quando não estão disponíveis bons métodos de monitorização e informações adequadas. Muitas vezes, isto leva a uma monitorização excessiva. Em situações em que a falha iminente se torna aparente através da utilização de tendências ou outras técnicas de análise preditiva, o intervalo de monitorização pode ser encurtado.

3. ENSAIOS E INSPECÇÕES PREDITIVOS

Os ensaios e inspecções preditivos (PTI) são por vezes designados por monitorização do estado ou manutenção preditiva. Para avaliar o estado do artigo/equipamento, utiliza dados de desempenho, técnicas de ensaio não intrusivas e inspeção visual. A PTI substitui as tarefas de manutenção arbitrariamente calendarizadas por uma manutenção que é efectuada em função do estado do artigo/equipamento. A análise dos dados de monitorização do estado do artigo/equipamento numa base contínua é útil para planear e programar a manutenção/reparação antes de uma falha catastrófica ou funcional.

Os dados de PTI recolhidos são utilizados para determinar o estado do equipamento e para destacar os precursores de falhas de várias formas, incluindo o reconhecimento de padrões, a análise de tendências, a correlação de várias tecnologias, a comparação de dados, a análise estatística de processos e os testes em relação a limites e intervalos. A PTI não deve ser o único tipo de manutenção praticado, porque não se presta a todos os tipos de artigos/equipamentos ou possíveis modos de falha.

4. MANUTENÇÃO PROACTIVA

Este tipo de manutenção ajuda a melhorar a manutenção através de acções como a melhoria da conceção, do acabamento, da instalação, da programação e dos procedimentos de manutenção. As caraterísticas da manutenção pró-ativa incluem a prática de um processo contínuo de melhoria, a utilização de feedback e comunicações para garantir que as alterações na conceção/procedimentos são disponibilizadas de forma eficiente aos projectistas/gestores dos artigos, garantindo que nada que afecte a manutenção ocorre de forma totalmente isolada, com o objetivo final de corrigir o equipamento em causa para sempre, optimizando e adaptando os métodos e tecnologias de manutenção a cada aplicação. Efectua análises de falhas e análises preditivas para melhorar a eficácia da manutenção, realiza avaliações periódicas do conteúdo técnico e do intervalo de desempenho das tarefas de manutenção, integra funções com manutenção de apoio no planeamento do programa de manutenção e utiliza uma visão do ciclo de vida da manutenção e das funções de apoio.

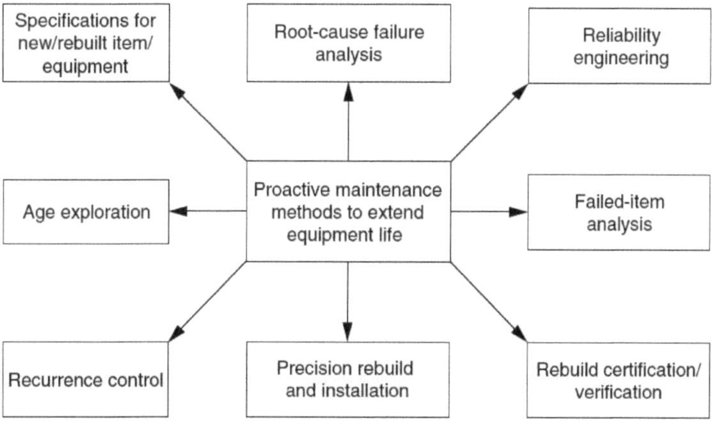

Figura 4.2 Técnicas básicas utilizadas pela manutenção proactiva para prolongar a vida do equipamento

A figura 4.2 apresenta oito métodos básicos utilizados pela manutenção proactiva para prolongar a vida útil dos artigos/equipamentos. Alguns destes métodos são descritos de seguida

a. Engenharia de fiabilidade

A engenharia de fiabilidade, em conjunto com outras abordagens de manutenção pró-ativa, envolve a reformulação, modificação ou melhoria de artigos/peças ou a sua substituição por artigos/peças melhores. Nalguns casos, pode ser necessária uma reformulação completa do artigo/peça. Existem muitas técnicas utilizadas na engenharia da fiabilidade para efetuar a análise da fiabilidade dos artigos/sistemas de engenharia. As duas mais utilizadas no sector industrial são a análise dos modos e efeitos de falha (FMEA) e a análise da árvore de falhas (FTA).

b. Análise de itens falhados

Isto envolve a inspeção visual de itens com falhas após a remoção para determinar as razões da falha. Conforme a necessidade, é efectuada uma análise técnica mais detalhada para encontrar a verdadeira causa de uma falha. Por exemplo, no caso dos rolamentos, as causas principais das suas falhas podem estar relacionadas com factores como práticas de lubrificação deficientes, tolerâncias excessivas de equilíbrio e alinhamento, instalação inadequada ou métodos de armazenamento e manuseamento deficientes.

A experiência passada indica que mais de 50% de todos os problemas com rolamentos são causados por instalação incorrecta ou contaminação. Normalmente, os indicadores de problemas de instalação incorrecta são evidentes nas superfícies internas e externas dos rolamentos e os indicadores de contaminação aparecem nas superfícies internas dos rolamentos.

c. Análise da causa raiz da falha

A análise da causa raiz da avaria (RCFA) diz respeito à procura proactiva das causas básicas da avaria das instalações/equipamentos. Os principais objectivos da RCFA são: determinar a causa de um problema de forma eficiente e económica, retificar a causa do problema e não apenas o seu efeito, incutir uma mentalidade de "consertar para sempre" e fornecer dados que possam ser úteis para erradicar o problema.

d. Especificações para artigos/equipamentos novos/reconstruídos

Aqui, a preocupação básica é escrever especificações efectivas, documentar problemas e testar o equipamento de diferentes fornecedores. No mínimo, as especificações devem incluir itens como vibração, critérios de balanceamento e alinhamento. A base desta abordagem proactiva é documentar dados históricos para que os profissionais envolvidos possam efetivamente escrever especificações de compra e instalação verificáveis para equipamento novo/reconstruído.

e. Exploração etária

A exploração da idade (AE) é um fator importante no estabelecimento de um programa RCM. Fornece um mecanismo para variar os aspectos-chave de um programa de manutenção para otimizar o processo. A abordagem AE examina a aplicabilidade de todas as tarefas de manutenção em relação aos três factores seguintes:

1. Conteúdo técnico: O conteúdo técnico da tarefa é examinado para garantir que todos os modos de falha identificados são devidamente tratados, bem como para assegurar que as tarefas de manutenção existentes conduzem ao grau de fiabilidade esperado.
2. Intervalo de desempenho: São feitos ajustes contínuos ao intervalo de desempenho da tarefa até que a taxa de diminuição da resistência ao fracasso seja efetivamente detectada ou determinada.

3. Agrupamento de tarefas: As tarefas com periodicidade semelhante são agrupadas com o objetivo de melhorar o tempo passado no local de trabalho e reduzir as interrupções.

f. Certificação/Verificação de Reconstrução

Aquando da instalação de um artigo/equipamento novo/reconstruído, é essencial verificar se este está a funcionar eficazmente. A experiência passada indica que é uma boa prática testar o artigo/equipamento em relação a normas formais de certificação e verificação para evitar um desempenho operacional insatisfatório ou uma falha prematura

g. Controlo de recorrência

O controlo de recorrência diz respeito ao controlo de falhas repetitivas. As falhas repetitivas são definidas como a incapacidade recorrente de um item para executar a função requerida. As seguintes situações enquadram-se na categoria de falhas repetitivas:

- Falha repetida de uma peça de equipamento
- Falha repetida de elementos pertencentes a um sistema ou subsistema
- Falhas de peças iguais/similares em vários equipamentos ou sistemas diferentes

Na figura 4.3 é apresentado um processo para efetuar uma análise de falhas repetitivas.

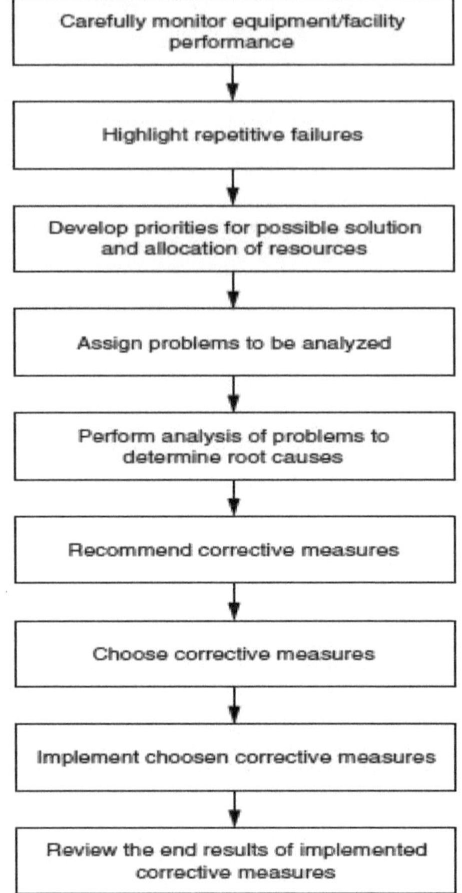

Figura 4.3 Um processo para efetuar uma análise de falhas repetitivas

h. Reconstrução e instalação de precisão

Para controlar os custos do ciclo de vida e maximizar a fiabilidade, o equipamento em questão requer uma instalação adequada. Muitas vezes, o pessoal de manutenção e os operadores são confrontados com problemas causados pela má instalação do equipamento. Normalmente, dois itens comuns de retrabalho, o equilíbrio e o alinhamento do rotor, são realizados de forma insatisfatória ou negligenciados durante a fase inicial de instalação. A aplicação efectiva de normas de precisão pode mais do que duplicar a vida útil do equipamento.

A experiência passada indica que a carga parasita, causada por desequilíbrio e desalinhamento, é uma das principais causas de falha prematura dos rolamentos de elementos rolantes. Um método importante e económico para aumentar a vida útil dos rolamentos e a consequente fiabilidade do equipamento é o equilíbrio de precisão dos rotores dos motores, ventiladores e impulsores das bombas.

Devido ao desalinhamento, as forças de vibração levam à deterioração gradual dos vedantes, enrolamentos de acionamento, acoplamentos e outros elementos rotativos com tolerâncias apertadas. Um estudo da indústria petroquímica indica que a prática do alinhamento de precisão resultou num aumento da vida média dos rolamentos por um fator de 8, numa redução dos custos de manutenção de 7% e num aumento de 12% da disponibilidade das máquinas.

4.6 A Estrutura Típica do Projeto RCM

Os gestores de projectos RCM experientes estruturam normalmente um projeto RCM em quatro fases que têm de ser cumpridas para realizar plenamente a RCM. Essas fases, conforme mostrado na Figura 3.4, são:

1. Decisão - Justificação e planeamento com base na necessidade, preparação e resultados desejados.
2. Análise - Conduzir o estudo RCM de forma a obter um resultado de alta qualidade.
3. Implementação - Atuar de acordo com as recomendações do estudo para atualizar os sistemas de activos e de manutenção, os procedimentos e as melhorias de conceção.
4. Benefícios - Medir as melhorias e identificar oportunidades para melhorar ainda mais.

Os projectos RCM bem sucedidos baseiam-se numa compreensão profunda destas quatro fases, dos requisitos de cada uma e da forma como se inter-relacionam. Este guia ajudará a compreender as fases e o processo geral para identificar os requisitos essenciais, capacidades e valores necessários para o sucesso de qualquer organização. Esta é uma parte importante da jornada de uma organização para um programa de confiabilidade abrangente e vivo.

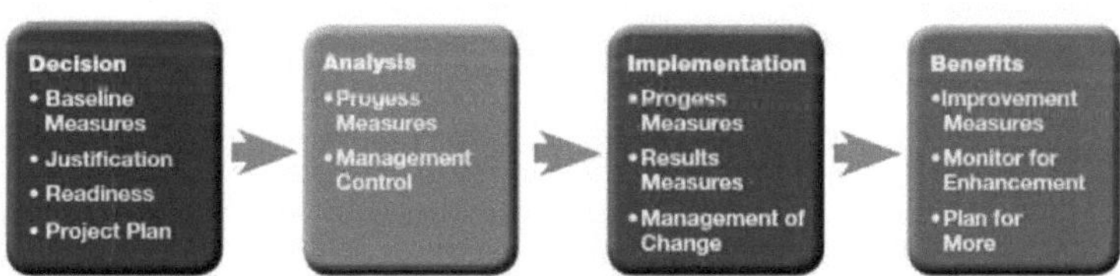

Figura 4.4 Quatro fases do projeto RCM

As fases 2 a 4 devem ser conduzidas com alguma sobreposição, como ilustrado na Figura 4.5, para que a organização possa começar a ver e comunicar o impacto dos benefícios o mais rápido possível. (Nota: As Figuras 4.4 e 4.5 estão codificadas por cores para se alinharem com os princípios de fiabilidade de manutenção das melhores práticas da estrutura Uptime Elements™).

Figura 4.5 Cronograma faseado de um projeto RCM para um impacto precoce

As secções 3 a 6 deste guia ajudarão os gestores de projeto a compreender e a executar com sucesso as quatro etapas de um projeto RCM nas suas organizações. A Secção 7, Sustentação de um Programa RCM, ajudará a aplicar o conhecimento e experiência adquiridos no projeto a um programa de fiabilidade vivo.

O resto deste guia descreve em detalhe a natureza de um projeto RCM. Para além de cumprir os quatro princípios básicos, o trabalho a ser planeado deve também incluir todos os elementos essenciais de um projeto RCM, para que este guia seja aplicável à organização e se revele eficaz para ajudar a alcançar o sucesso. Estes elementos essenciais são:

1. O estudo RCM é efectuado num sistema composto por componentes que, em conjunto, desempenham uma função importante, ou mesmo essencial, para a organização.
2. O principal objetivo do projeto é identificar e implementar tarefas operacionais e de manutenção aplicáveis e eficazes.
3. O trabalho de análise é realizado por uma equipa multifuncional composta por pessoal no terreno com elevada experiência em todos os aspectos técnicos e operacionais do sistema, incluindo uma representação a tempo inteiro de todas as áreas de manutenção (por exemplo, instrumentação, eletricidade, mecânica, etc.) e um operador. Podem ser necessários outros recursos (por exemplo, engenharia e peritos externos), que estão disponíveis a curto prazo para responder a perguntas da equipa ou são designados para participar a tempo inteiro com a equipa.
4. A equipa A da organização, ou seja, os seus técnicos e operadores mais experientes, estão totalmente dedicados à parte de análise do projeto.
5. Existe conhecimento de métodos e aplicações não intrusivos de monitorização do estado dos activos (ACM) (por exemplo, manutenção preditiva ou tecnologias de monitorização do estado) para que as recomendações de RCM possam ser tão eficientes e não intrusivas quanto possível.
6. Um facilitador de RCM altamente experiente dedica-se a orientar e facilitar a fase de análise. Tem experiência em RCM e manutenção de sistemas, incluindo tecnologias de monitorização de condições. O conhecimento do sistema candidato em si não é necessário para o facilitador.
7. A organização tem um patrocinador executivo (Es) forte e informado; um defensor da RCM com poderes e energia; a adesão para fornecer recursos suficientes; e uma vontade e capacidade para adotar novas tarefas de manutenção, assegurar a sua implementação e sustentá-las.

8. As implementações são cuidadosamente planeadas, previstas e comunicadas às partes interessadas adequadas. Com aproximadamente 50% das implementações a falharem devido a uma variedade de causas subsequentes*, deve existir na organização uma base fundamental de boas práticas para apoiar o resultado da análise RCM (por exemplo, práticas eficazes de gestão do trabalho que incluam planeamento e calendarização (Ps) e esforços de melhoria contínua, como a eliminação de defeitos (De)).

Razões para os fracassos da RCM

A falha pode ter mais do que um modo de falha, ou seja, mais do que uma forma que pode levar a efeitos adversos semelhantes no sistema. Para o sistema global, estes modos de falha podem ser identificados dividindo simplesmente o sistema em sub-partes ou sub-sistemas. Estas subpartes são subdivididas até se identificar um modo de falha.

4.7 Vantagens da GCR

A Manutenção Centrada na Fiabilidade (RCM), tal como o nome sugere, é uma metodologia muito eficaz que é simplesmente utilizada para identificar todas as causas possíveis que podem levar a falhas no sistema utilizando relações de causa e efeito. Depois de identificar todas as causas possíveis, é possível determinar o melhor método de estratégia de manutenção para eliminar a falha. A estratégia escolhida deve garantir o funcionamento do equipamento e dos processos, assegurando a segurança e a fiabilidade. Basicamente, identifica todos os modos de falha, ou seja, todas as formas possíveis de falha de um equipamento ou sistema, bem como as diferentes formas possíveis de falha de um determinado equipamento.

Se a RCM for implementada com sucesso e de forma eficaz no programa, então proporciona as seguintes vantagens

1. **Aumento da eficiência:** A RCM aumenta globalmente a eficiência do sistema, uma vez que se concentra apenas na gestão do sistema, aumenta o desempenho da atividade eliminando as falhas, aumenta a utilização dos activos tornando-os simplesmente isentos de erros, reduz as causas da manutenção, etc.
2. **Redução de custos:** A RCM também reduz os custos de manutenção, eliminando as falhas indesejadas antes da sua ocorrência, uma vez que algumas delas exigem mais custos e mais recursos para serem reparadas. Assim, a RCM reduz os custos globais de manutenção e de recursos.
3. **Melhoria da produtividade:** Ao manter o sistema com sucesso e reduzir quaisquer falhas súbitas, a RCM melhora a satisfação do cliente e aumenta a fiabilidade.
4. **Substituição de activos:** Se um ativo falhar devido a qualquer razão ou destruição, é importante substituí-lo por um novo ativo, que irá simplesmente melhorar as caraterísticas que têm a capacidade de desempenhar a mesma função.
5. **Reduz as falhas:** A RCM geralmente reduz as hipóteses de falha súbita do equipamento ou ativo, uma vez que a RCM mantém um determinado ativo e minimiza todas as formas possíveis de falha.

6. **Melhor trabalho de equipa:** A RCM adopta uma abordagem de grupo às tarefas de manutenção. A comunicação e a cooperação entre departamentos e equipas melhoram quando todos estão envolvidos na análise dos problemas e na tomada de decisões.
7. **Melhoria do desempenho dos activos:** Também elimina as revisões desnecessárias e, por conseguinte, reduz as paragens. A RCM também ajuda a diagnosticar as falhas mais rapidamente.
8. **Melhoria da motivação dos colaboradores:** Quando os funcionários são envolvidos na aplicação da RCM, adquirem uma melhor compreensão dos activos nos seus contextos operacionais. Isto motiva-os a assumir a responsabilidade pelos problemas e soluções de manutenção.
9. **Melhor Segurança e Integridade Ambiental:** A RCM procura compreender as implicações de cada modo de falha e toma medidas proactivas para as evitar. Além de limitar as falhas, o processo de priorização da manutenção promove a disponibilidade dos dispositivos de proteção necessários.

4.8 Desvantagens da GCR

A GCR também tem os seus inconvenientes. Os custos iniciais de implementação da RCM são elevados. A realização de análises RCM exige que as equipas invistam muito tempo, dinheiro e recursos para começar. O ROI pode ser mais lento. A segunda grande desvantagem da RCM é o facto de incorporar simultaneamente todos os outros tipos de estratégias de manutenção, incluindo alguns dos seus inconvenientes.

1. **Manutenção contínua:** Uma das principais desvantagens da RCM é o facto de exigir uma manutenção contínua e regular para manter os activos a salvo de falhas e mais fiáveis.
2. **Requer formação e custos de arranque:** Antes de efetuar a RCM, a formação é obrigatória e o custo de arranque da RCM pode ser elevado.
3. **Requer tempo e recursos:** Basicamente, requer mais tempo e recursos para realizar com sucesso a Análise RCM, que é muito necessária para manter as prioridades.
4. **Complexidade:** Embora eficaz, por outro lado, o RCM é um método muito complexo e não é fácil de executar.
5. **Problema económico:** A RCM não se centra nos problemas económicos.
6. **Não tem em conta os custos de manutenção:** A RCM é um processo que requer manutenção contínua, mas não considera os custos adicionais de propriedade e manutenção dos activos.

4.9 Estudo de caso: Manutenção centrada na fiabilidade para uma indústria de peles

1. Identificação do problema

Todas as indústrias pagam uma enorme quantidade de dinheiro e tempo para a manutenção das instalações. Este dinheiro é basicamente utilizado para a instalação, troca de peças sobressalentes do equipamento e custos de mão de obra. Também é necessário tempo para repor o sistema no seu estado original. Este tempo é consumido para este fim e a empresa tem algumas perdas de produção para repor o sistema na sua posição original durante esse tempo. Por conseguinte, o departamento de manutenção tem um papel importante na manutenção de instalações e equipamentos na sua eficiência operacional máxima, reduzindo os tempos de paragem e assegurando a segurança operacional, salvaguardando o investimento através da minimização da taxa de deterioração e conseguindo isto a um custo ótimo através de orçamentos e controlos. Com a ajuda da metodologia de manutenção centrada na fiabilidade, a fiabilidade de cada equipamento e instrumento pode ser encontrada. Algumas questões sérias como "quais são as principais causas de falha ou avaria e com que facilidade podem ser rectificadas?" devem ser respondidas utilizando a metodologia RCM. A previsão da fiabilidade das instalações de fabrico de contraplacado tornou-se fiel ao facto de se centrar nos componentes com maior frequência de falhas e que devem ser tratados. A metodologia RCM reduzirá as hipóteses de falha do equipamento.

2. Manutenção e manutenção centrada na fiabilidade

Introdução: A fiabilidade é a capacidade de um sistema ou componente desempenhar as suas funções requeridas sob as condições estabelecidas durante um período de tempo especificado A engenharia de fiabilidade é uma subdisciplina da engenharia de sistemas A fiabilidade é muitas vezes medida como probabilidade de falha frequência de falhas ou em termos de disponibilidade uma probabilidade derivada da fiabilidade e da capacidade de manutenção.

Manutenção: A definição de manutenção é frequentemente utilizada como uma atividade levada a cabo por qualquer equipamento para garantir a sua fiabilidade no desempenho da sua função. Para a maioria das pessoas, a manutenção é qualquer atividade realizada num bem para garantir que este continua a desempenhar as funções previstas ou para reparar qualquer equipamento que tenha falhado ou para manter o equipamento em funcionamento ou para o repor em condições de funcionamento favoráveis. Ao longo dos anos, as novas estratégias foram implementadas como estratégias de manutenção que têm por objetivo ultrapassar os problemas relacionados com a avaria dos equipamentos.

Inspeção: As inspecções são utilizadas para descobrir as falhas ocultas. Em geral, não é executada qualquer ação de manutenção no componente durante uma inspeção, a menos que o componente seja considerado defeituoso, caso em que é rubricada uma ação de manutenção corretiva. No entanto, pode haver casos em que uma restauração parcial do item inspeccionado seja realizada durante uma inspeção. Por exemplo, ao verificar o óleo do motor de um carro entre as mudanças de óleo programadas, pode-se ocasionalmente adicionar um pouco de óleo para mantê-lo a um nível constante.

Capacidade de manutenção: Tal como a fiabilidade, tem os seus próprios elementos únicos e diversificados. É uma caraterística da conceção e da instalação de um sistema complexo. O tempo necessário para reparar um sistema depende da forma como foi concebido. Além disso, as caraterísticas da conceção e da instalação ditarão também as políticas de manutenção. Por outro lado, é possível definir antecipadamente algumas das políticas de manutenção e tomar decisões de conceção em conformidade. O processo de conceção envolve decisões relativas à dimensão do módulo, aos procedimentos de ensaio, às redundâncias incorporadas, ao grau de automatização, aos intervalos de inspeção, aos equipamentos de ensaio especiais, aos requisitos de segurança, etc. A política de manutenção abrangerá questões relativas a reparações gerais, políticas de reparação ou eliminação, políticas de registo de emergência, controlo de inventário, fornecimento de peças sobressalentes, etc. Os requisitos técnicos envolvem educação, experiência, formação, análise de capacidades, etc. Por conseguinte, a definição de capacidade de manutenção é a probabilidade de uma unidade ou um sistema ser reposto nas condições especificadas num determinado período, quando são tomadas medidas de manutenção de acordo com os procedimentos e recursos prescritos. É caraterística da conceção e da instalação da unidade ou do sistema, uma vez que a capacidade de manutenção também é uma probabilidade, tal como a fiabilidade, e o seu valor varia entre zero e um.

Disponibilidade: A disponibilidade é um critério de desempenho para sistemas reparáveis que tem em conta tanto a fiabilidade como as propriedades de manutenção de um componente ou sistema e é definida como a probabilidade de o sistema estar a funcionar corretamente quando é solicitado para utilização. Ou seja, a disponibilidade é a probabilidade de um sistema não estar avariado ou a sofrer uma ação de reparação quando precisa de ser utilizado.

Tempo de paragem: Quando um sistema está frequentemente indisponível devido a avarias e é reposto em funcionamento após cada avaria com reparações adequadas, o tempo entre avarias foi definido como o tempo entre falhas (MTBF). Se considerarmos apenas o tempo de reparação ativa, ou seja, o tempo gasto na reparação efectiva, o tempo de reparação (MTTR) é o tempo médio estatístico para a reparação ativa. É o tempo total de reparação ativa para um determinado período dividido pelo número de avarias durante o mesmo intervalo. Frequentemente, um sistema pode ficar indisponível devido a inspecções periódicas e não devido a avarias. A principal diferença entre o MTBF e o MTBM é o tempo de paragem para manutenção preventiva.

Manutenção centrada na fiabilidade: As raízes da RCM remontam aos anos 60, quando foi desenvolvida para melhorar a segurança e a fiabilidade dos aviões comerciais. Desde então, começou a ser utilizada no sector industrial, na sequência de trabalhos realizados por vários autores. A RCM é um procedimento para determinar as estratégias de manutenção com base em técnicas de fiabilidade e engloba a monitorização do estado e métodos de análise bem conhecidos, como a análise dos efeitos do modo de falha e da criticidade (FMECA). O principal objetivo do processo RCM é identificar formas de evitar ou reduzir as consequências das falhas que, se ocorrerem, terão um impacto negativo na segurança do pessoal, na saúde ambiental, no cumprimento da missão ou na economia. É a combinação ideal de práticas de manutenção reactivas, preventivas, preditivas e proactivas. Implica também alguma conceção/reconcepção e redundância.

Quadro 4.2 Aplicação RCM

Estratégia de manutenção	Ação necessária	Aplicação baseada em RCM

Correr até à falha (Reativo)	Reparação ou substituição em caso de avaria	Artigos não críticos e de pequena dimensão; o custo do controlo ou da deteção de falhas excede os benefícios (não é rentável)
Mudança programada ou restauração (preventiva)	Reparação ou substituição numa base de tempo fixo ou de ciclo.	O ativo tem um MTBF bem documentado e um pequeno desvio padrão; está sujeito a desgaste e o padrão de falha é conhecido.
CBM (Preditivo)	Utilizar a monitorização das condições para detetar falhas na fase inicial. A substituição ou a reparação são programadas em função das condições.	Os activos falham aleatoriamente A natureza crítica justifica técnicas de deteção precoce. Não está sujeito a desgaste. Falhas induzidas por PM.
Redesenho menor e controlo das condições (proactivo)	Alterações no carregamento do hardware ou nos procedimentos, a monitorização do estado detecta a presença da causa principal da falha.	O objetivo é reduzir a taxa de falhas durante um determinado período de tempo; RCFA, FMEA, exploração de idades
Redundância	Implementar sistemas redundantes de carga partilhada ativa ou em stand by	Activos críticos (ou missão) para os quais nenhuma outra abordagem é aceitável

3. Investigação atual

A presente investigação envolve o levantamento da vista em planta da fábrica, das máquinas e do funcionamento das diferentes máquinas-ferramentas sob a orientação do departamento de instalações e serviços da empresa. O presente estudo pretende centrar-se nos aspectos da fiabilidade e da facilidade de manutenção e nos aspectos da disponibilidade da fábrica de contraplacados.

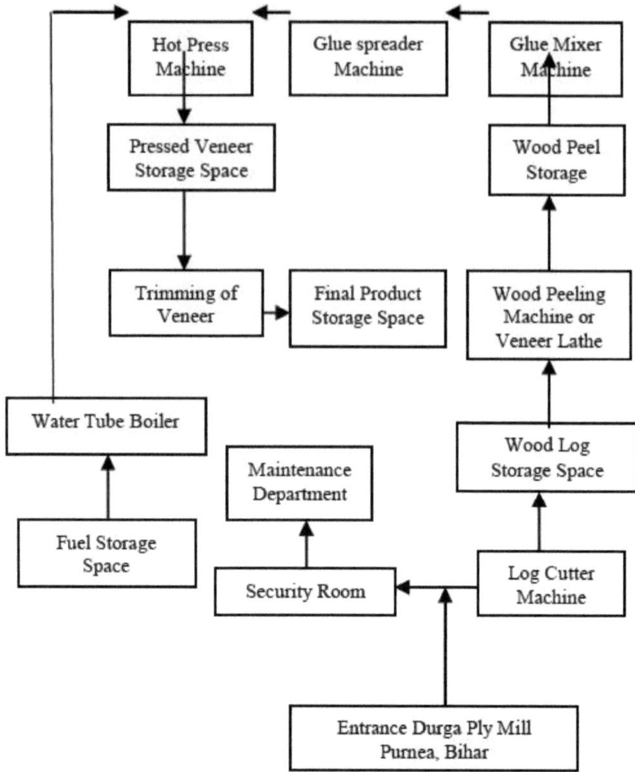

Figura 4.6 Vista de planta da fábrica

Contraplacado: O contraplacado é constituído por três ou mais camadas finas de madeira coladas com um adesivo. Cada camada de madeira ou contraplacado é normalmente orientada com o veio perpendicular às camadas adjacentes, de modo a reduzir a contração e a melhorar a resistência da peça acabada.

Matérias-primas: O contraplacado pode ser fabricado a partir de madeiras duras, madeiras macias ou uma combinação das duas. Algumas madeiras duras comuns incluem o freixo, o mogno, o carvalho e a teca. A madeira dura mais comum utilizada para fazer contraplacado é a Douglas, pau-brasil. As camadas exteriores do contraplacado são conhecidas respetivamente como face e verso. A face é a superfície que se destina a ser utilizada ou vista, enquanto o verso permanece inutilizado ou escondido. As camadas centrais do contraplacado são designadas por núcleo. No contraplacado com cinco ou mais estacas, as camadas intermédias são designadas por "banda transversal".

4. Passos envolvidos no fabrico de contraplacado

Fabrico de folheados: É geralmente aceite que o fabrico inclui todo o processo desde o momento em que o toro entra no estaleiro até à fase em que é produzido um folheado seco e graduado, pronto para ser transformado em contraplacado. Os toros são então cortados em comprimentos adequados para serem descascados. Estes comprimentos são designados por blocos de descasque ou, por vezes, biletes de contraplacado.

Corte de folheado: O corte do folheado é efectuado na máquina de torno de folheado. O carregamento do folheado no torno pode ser feito manualmente com um guincho e pinças para toros ou automaticamente com dispositivos mecânicos de carregamento e centragem. Utilizações de adesivos ou cola A principal diferença entre os adesivos utilizados no fabrico de contraplacado é o grau de impermeabilidade. Para determinar o grau de impermeabilidade de uma linha de cola, a associação de normas da Austrália, sob a direção estreita das indústrias de contraplacado, definiu uma série de testes de ligação.

Operação de espalhamento de cola: Na operação de espalhamento de cola, as bandas cruzadas são espalhadas em ambos os lados simultaneamente. O controlo rigoroso da quantidade de adesivo espalhado é obtido através do ajuste da folga do rolo raspador.

5. Recolha de dados

Quadro 4.3 Falha do componente da instalação de fabrico de contraplacado

Sl. Não.	**Nome das diferentes máquinas/componentes**	**Número de falhas (agosto de 2009 a julho de 2014)**
1	Caldeira de tubos de água	19
2	Máquina de descascar madeira	15
3	9-Máquina de prensagem Delight	11
4	Máquina de espalhar cola	20
5	Máquina misturadora de cola	15

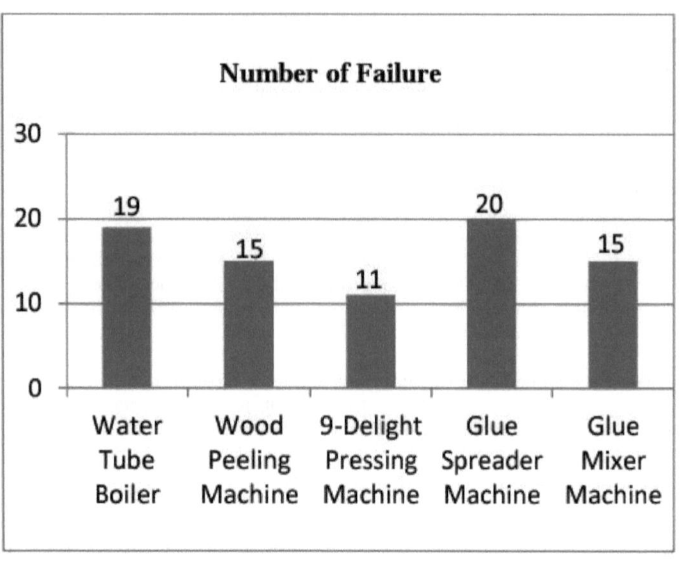

Figura 4.7 Número de falhas de diferentes componentes (agosto de 2009 a julho de 2014)

6. Análise do estudo

Análise de falhas Estes componentes mecânicos falham devido a falhas mecânicas. As causas principais e secundárias das falhas são apresentadas sob a forma de tabela:

Tabela 4.4 Falha do componente diferente

Sl. Não	Nome do componente	Falha devido a
1	Falha da caldeira	Problema com a vela de ignição, problema de retrocesso, batida ou detonação, filtro de entrada de água, calço de saída de água, rutura por tensão, corrosão do lado da água, fadiga, danos durante a limpeza química, defeitos de material.
2	Avaria da máquina de descascar madeira ou do torno de folhear	Problema na cabeça, problema no rolamento, problema no acionamento por correia, problema no motor, problema no mandril, problema na cauda, problema no carro, problema no selim, problema no carro transversal, problema na coluna da ferramenta, problema nos dentes a descolar
3	Falha da bomba	Velocidade demasiado baixa, impulsor partido, fuga de ar na linha de aspiração, desalinhamento excessivo do veio, contaminação do lubrificante,

4	Falha da máquina de prensagem 9Delight	Problema de pressão de vapor, problema de folga entre placas, problema de motor, problema de calor excessivo

Análise dos modos e efeitos de falha (FMEA): A análise dos modos de falha e dos efeitos foi efectuada para examinar os potenciais modos de falha nos componentes da fábrica de contraplacado. Foi utilizada para avaliar as prioridades de risco para mitigar as ameaças e vulnerabilidades conhecidas. A FMEA foi realizada para selecionar acções corretivas que reduzam os impactos cumulativos das consequências do ciclo de vida de uma falha do sistema.

Tabela 4.5 O processo FMEA

Passos	Tipos
Passo 1	Identificar a função
Passo 2	Identificar os modos de falha
Passo 3	Identificar os defeitos dos modos de falha
Passo 4	Determinar a gravidade
Passo 5	Aplicar o procedimento para potenciais consequências
Passo 6	Identificar a conceção ou o controlo do processo
Passo 7	Determinar ocorrências
Passo 8	Calcular a criticalidade
Passo 9	Identificar a conceção ou o controlo do processo
Passo 10	Determinar a deteção
Passo 11	RPN e avaliação final dos riscos
Passo 12	Tomar medidas para reduzir os riscos
Passo 13	Identificar a causa principal
Passo 14	Identificar a causa principal

Análise da árvore de falhas: Foi desenvolvida pela primeira vez nos Laboratórios Bell Telephone em 1962 para as Forças Aéreas dos EUA, para utilização no sistema Minuteman. A análise da árvore de falhas é uma das "técnicas lógicas analíticas" simbólicas encontradas na investigação operacional e na fiabilidade dos sistemas. Os diagramas de árvore de falhas são diagramas de blocos lógicos que apresentam o estado de um sistema (evento de topo) em termos dos estados dos seus componentes (eventos básicos). Utiliza um modelo gráfico dos caminhos dentro de um sistema que podem levar a um evento de perda indesejável (ou uma falha).

Tabela 4.6 Análise tradicional da árvore de falhas

Bloco de eventos primário	Símbolo clássico da FTA	Símbolo clássico da FTA
Evento básico	○	Um evento básico de iniciação de falha ou avaria.

Evento não desenvolvido		Um acontecimento que não é desenvolvido. É um acontecimento de base que não necessita de mais resoluções.
Transferência		Indica uma contribuição de transferência para uma subárvore
Evento de condicionamento		Uma condição ou restrição específica que se pode aplicar a qualquer porta.
Evento de combinação		Um acontecimento que resulta de combinações de acontecimentos mais básicos.
Evento externo		Um acontecimento que normalmente se espera que ocorra.

Análise da fiabilidade: As máquinas e equipamentos selecionados para a análise de fiabilidade de uma fábrica de contraplacado são a caldeira de tubos de água, a máquina de descascar madeira, a máquina de prensagem de 9 delgadas, a máquina misturadora de cola e a máquina de espalhar cola.

Modelo de risco e distribuição de probabilidade: A fase inicial da análise de fiabilidade consiste em prever o modelo de risco das falhas e escolher uma distribuição entre várias distribuições de probabilidade, como a distribuição normal, a distribuição exponencial, a distribuição venenosa, a distribuição Weibull, etc.

Avaliação gráfica para a previsão da fiabilidade: Existem geralmente duas formas de avaliação gráfica: o gráfico exponencial e o gráfico de Weibull. Quando a taxa de falha é constante, a distribuição segue a lei de probabilidade exponencial e quando a taxa de falha não é constante, ou seja, o modelo de risco não linear segue a distribuição de Weibull.

Análise de regressão linear: Seleção da distribuição Os dados observados relativos às falhas de diferentes componentes da fábrica mostram que as taxas de falha dos componentes não são constantes. Assim, o modelo de distribuição de Weibull pode ser adotado. Além disso, a técnica de análise de regressão linear confirma a adequação da utilização da distribuição de Weibull para os diferentes componentes da fábrica de contraplacados. A análise determina a linha de melhor ajuste no sentido dos mínimos quadrados. O teste dos mínimos quadrados foi efectuado para obter a taxa crescente/decrescente de falhas, tendo sido realizada uma análise de regressão linear utilizando a equação de probabilidade.

Distribuição de Weibull: De todas as distribuições disponíveis para o cálculo da fiabilidade, a distribuição de Weibull é a única que é única neste campo. O Professor Wallodi Weibull (1887-1979) referiu que as distribuições normais não são aplicáveis para caraterizar as resistências iniciais dos metais durante o seu estudo sobre falhas metalúrgicas. Introduziu então uma função que podia abranger uma grande variedade de distribuições e utilizou sete estudos de caso diferentes para demonstrar como esta função permitia que os dados seleccionassem a distribuição mais adequada de uma vasta família de distribuições de Weibull. Provavelmente a distribuição mais utilizada na engenharia de fiabilidade.

Cálculo da política de manutenção: A avaria ocorre ao acaso. Forma qualquer um dos seguintes tipos de distribuição de frequências: exponencial, normal, logarítmica, gama ou weibull. Numa situação como esta, são utilizados métodos estatísticos para definir a política de manutenção, tais como o tempo de ciclo normalizado de manutenção preventiva (Ts), o tempo médio entre avarias (Ta) e o tempo médio de manutenção preventiva (Tm). Política de manutenção da máquina de descascar madeira Para o efeito, são recolhidos dados relativos ao ano de 2014. Os dados relativos às avarias e aos custos de manutenção são recolhidos junto do departamento de manutenção da fábrica de contraplacados.

Quadro 4.7 Pormenores da máquina de descascar madeira

Sl. Não	Mês	N.º de falhas	Probabilidade de desagregação
1	maio de 2014	3	0.272
2	junho de 2014	0	0
3	julho de 2014	0	0
4	agosto de 2014	1	0.090
5	setembro de 2014	1	0.090
6	outubro de 2014	0	0
7	novembro de 2014	2	0.181
8	dezembro de 2014	0	0
9	janeiro de 2015	1	0.090
10	fevereiro de 2015	1	0.090
11	março de 2015	1	0.090
12	abril de 2015	1	0.090

Tabela 4.8 Detalhes do custo de manutenção da máquina de descascar madeira (ano-2014)

Mês	B/D Probabilida de	Probabilida de acumulada	Espera-se que B/D=n	Custo de B/D (Rs)	Custo de	Custo total (Rs)	Custo de manute

					P/M (Rs)		nção p.m (Rs)
Jan	0.272	0.272	2.992	9574	400	13574	13575
Fev	0	0.272	3.805	12176	400	16176	8088
Mar	0	0.272	4.026	12883	400	16883	5627
abril	0.090	0.362	5.077	16246	400	20246	5061
maio	0.090	0.452	6.621	21187	400	25187	5037
junho	0	0.452	7.383	23625	400	27625	4604
julho	0.181	0.633	9.675	30960	400	34960	4994
agosto	0	0.633	10.953	35049	400	39049	4881
setembro	0.090	0.723	12.671	40547	400	44547	4949
outubro	0.090	0.813	14.645	46864	400	50864	5086
Nov	0.090	0.903	16.979	54332	400	58332	5302
Dez	0.090	0.903	19.567	62614	400	66614	5551

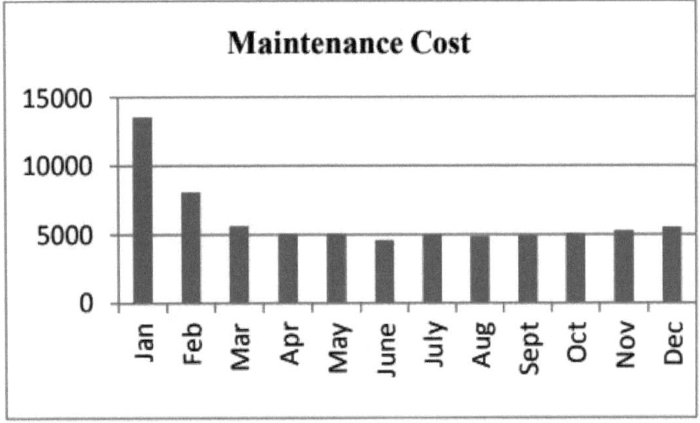

Figura 4.8 Padrão de custos de manutenção da máquina de descascar madeira

Política de manutenção da máquina misturadora de cola: Para este efeito, a recolha dos dados foi efectuada a partir do ano de 2014. Os dados relativos aos custos de manutenção e de avaria são recolhidos junto do departamento de manutenção da fábrica de fabrico de contraplacado.

Quadro 4.9 Pormenores de desagregação da máquina misturadora de cola (ano 2014)

Sl. Não	Mês	N.º de falhas	Probabilidade de desagregação
1	maio de 2014	1	0.2

2	junho de 2014	0	0
3	julho de 2014	0	0
4	agosto de 2014	1	0.2
5	setembro de 2014	1	0.2
6	outubro de 2014	1	0.2
7	novembro de 2014	0	0
8	dezembro de 2014	0	0
9	janeiro de 2015	0	0
10	fevereiro de 2015	1	0.2
11	março de 2015	0	0
12	abril de 2015	0	0

Quadro 4.10 Pormenores de desagregação da máquina misturadora de cola (ano 2014)

Mês	B/D Probabilidade	Probabilidade acumulada	Espera-se que B/D=n	Custo de B/D (Rs)	Custo de P/M (Rs)	Custo total (Rs)	Custo de manutenção p.m (Rs)
Jan	0.2	0.2	1	3200	4000	7200	7200
Fev	0	0.2	1.2	3840	4000	7840	3920
Mar	0	0.2	1.24	3968	4000	7968	2656
abril	0.2	0.4	2.248	7193	4000	11193	2798
maio	0.2	0.6	3.6496	11678	4000	15678	3133
junho	0.2	0.8	5.1699	16543	4000	20543	3423
julho	0	0.8	5.721	18307	4000	22307	3186
agosto	0	0.8	6.0816	19467	4000	23461	2932
setembro	0	0.8	6.6435	21259	4000	25259	2806
outubro	0.2	1	8.5412	27331	4000	31331	3133
Nov	0	1	9.8151	31408	4000	35408	3218
Dez	0	1	10.596	33907	4000	37907	3158

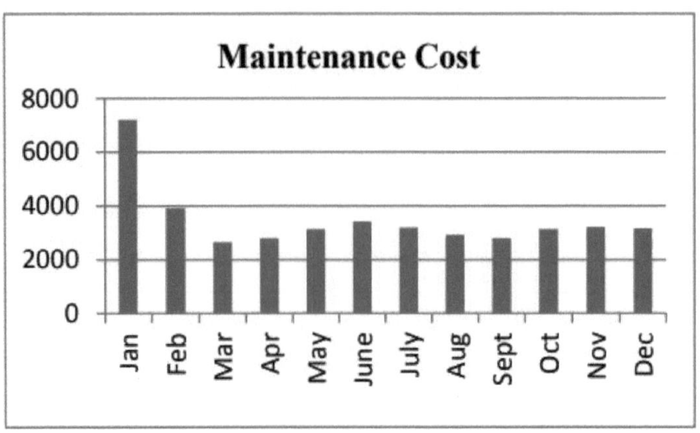

Figura 4.9 Padrão de custos de manutenção da máquina de descascar madeira

7. Resultados e discussões

Estimativa da fiabilidade: A estimativa da fiabilidade dos diferentes componentes da fábrica de contraplacado fornece os valores de fiabilidade que se centram no desempenho dos componentes da fábrica de contraplacado durante o período de agosto de 2009 a julho de 2014.

Tabela 4.11 Fiabilidade dos componentes da instalação de fabrico de contraplacado

Sl. Não	Nome dos componentes	Hora média de funcionamento (em horas)	Fiabilidade %
1	Caldeira de tubos de água	456.06	68.44
2	Máquina de descascar madeira	378.91	66.68
3	9-Máquina de prensagem de delícias	420.03	81.82
4	Máquina de espalhar cola	600.5	55
5	Máquina misturadora de cola	558.16	66.7

A partir do quadro supra, verifica-se que a fiabilidade estimada dos diferentes componentes da fábrica de contraplacado se situa entre 55% e 81,82%. A fiabilidade da máquina de prensagem 9-Delight é a máxima (81,82%), ao passo que a fiabilidade mínima (55%) é a da máquina de espalhar cola. Assim, a previsão da fiabilidade das instalações de fabrico de contraplacado tornou-se frutuosa, centrando-se nos componentes. A máquina de espalhar cola deve ser cuidada. Todos os outros componentes têm uma fiabilidade moderada.

Disponibilidade de diferentes componentes da unidade de fabrico de contraplacado: De acordo com a definição de disponibilidade operacional, a disponibilidade de diferentes componentes da unidade de fabrico de contraplacado é calculada para um determinado mês, de agosto de 2009 a julho de 2014. Em seguida, é calculada a disponibilidade operacional de cada fábrica. O quadro seguinte apresenta uma lista pormenorizada da disponibilidade operacional média estimada dos diferentes componentes da unidade de fabrico de contraplacado:

Quadro 4.12 Disponibilidade máxima estimada da componente da instalação de fabrico de Ply

Sl. Não	Nome dos componentes	Disponibilidade Operacional Média
1	Caldeira de tubos de água	0.9967
2	Máquina de descascar madeira	0.9949
3	9-Máquina de prensagem de delícias	0.9950
4	Máquina de espalhar cola	0.9965
5	Máquina misturadora de cola	0.9965

Cálculo da política de manutenção: A partir da tabela abaixo, o custo de manutenção da máquina de descascar madeira no 1° mês é de Rs.13574. O custo de manutenção da máquina de descascar madeira no 2° mês é reduzido para Rs.8088. O custo de manutenção da máquina de descascar madeira no terceiro mês diminui novamente para 5627 rupias. O custo de manutenção da máquina de descascar madeira diminui até ao nono mês, mas volta a aumentar no décimo mês. Assim, no caso da máquina de descascar madeira, a política de manutenção parece indicar que a política de manutenção preventiva não é adequada para a máquina de descascar madeira

Quadro 4.13 Detalhes dos custos de manutenção da máquina de descascar madeira (maio de 2014 a abril de 2015)

Mês	Custo de manutenção por mês (Rs.)
maio de 2014	13574
junho de 2014	8088
julho de 2014	5627
agosto de 2014	5061
setembro de 2014	5037
outubro de 2014	4604
novembro de 2014	4994
dezembro de 2014	4881
janeiro de 2015	4949
fevereiro de 2015	5086
março de 2015	5302
abril de 2015	5551

Detalhes do custo de manutenção da máquina misturadora de cola: A partir da tabela abaixo, verifica-se que o custo total de manutenção para toda a máquina/mês, não existe uma relação perfeita que sugira que, para assegurar um sistema de produção ininterrupto e sem paragens, a combinação da política de manutenção preventiva e de avarias é adequada para a máquina disponível na fábrica de fabrico de contraplacado. O custo de manutenção da máquina misturadora de cola nos primeiros três meses é de Rs. 7200, Rs.3920; Rs.2656 a partir do quarto mês, o custo de manutenção aumenta novamente. Assim, no caso da máquina misturadora de cola, a política de manutenção parece indicar que a manutenção preventiva uma vez em cada três meses é adequada.

Tabela 4.14 Detalhes dos custos de manutenção da máquina misturadora de cola (maio de 2014 a abril de 2015)

Mês	Custo de manutenção por mês (Rs.)
maio de 2014	7200
junho de 2014	3920
julho de 2014	2656
agosto de 2014	2798
setembro de 2014	3133
outubro de 2014	3423
novembro de 2014	3186
dezembro de 2014	2932
janeiro de 2015	2806
fevereiro de 2015	3133
março de 2015	3218
abril de 2015	3158

8. Conclusões

A partir dos presentes estudos, chegámos à seguinte conclusão:

- A política de manutenção é necessária para decidir a frequência da manutenção, para determinar a frequência com que a manutenção deve ser feita, de modo a que o equipamento seja altamente fiável quando necessário.
- É necessário abordar novamente as frequências de avaria do componente da instalação de fabrico de folhas.
- Uma vez que o programa de manutenção preventiva custa mais do que o programa de manutenção de avarias, devemos procurar alternativas de programação da manutenção preventiva, como, por exemplo, efetuar a manutenção preventiva apenas de dois em dois ou de três em três meses.
- Por conseguinte, é necessário um estudo pormenorizado e contínuo para analisar os benefícios obtidos em termos de custos de manutenção e de eficácia operacional dos componentes das instalações de fabrico de contraplacado em termos de fiabilidade.

Capítulo - 5

MONITORIZAÇÃO DE CONDIÇÕES

5.1 Introdução

A monitorização do estado é basicamente aplicável a componentes mecânicos cujo estado se deteriora com o tempo. Isto pode ser feito com a ajuda de instrumentação para efetuar medições regulares ou contínuas dos parâmetros de estado, de modo a determinar o funcionamento normal. Algumas tecnologias de medição utilizadas na monitorização do estado são a vibração, a análise de lubrificantes, a termografia, a emissão acústica ultra-sónica e a vibração de alta frequência. Por conseguinte, tornou-se essencial para a indústria da energia eléctrica na Nigéria investir em novas ideias e técnicas para melhorar e cobrir todos os aspectos dos requisitos de manutenção. Assim, o conceito de monitorização do estado torna-se uma parte importante da manutenção baseada no estado. A monitorização do estado é definida como a medição contínua ou periódica e a interpretação de um item para determinar a necessidade de manutenção.

Aproximadamente metade de todos os custos operacionais na maioria das operações de transformação e fabrico pode ser atribuída à manutenção. Isto constitui uma ampla motivação para estudar qualquer atividade que possa potencialmente reduzir estes custos. A monitorização do estado das máquinas e o diagnóstico de avarias é uma dessas actividades. A monitorização do estado das máquinas e o diagnóstico de avarias podem ser definidos como o campo de atividade técnica em que são observados parâmetros físicos selecionados, associados ao funcionamento das máquinas, com o objetivo de determinar a sua integridade. Uma vez estimada a integridade de uma máquina, esta informação pode ser utilizada para muitos objectivos diferentes. As actividades de carregamento e de manutenção são as duas principais tarefas que se relacionam diretamente com as informações fornecidas. O objetivo final no que diz respeito às actividades de manutenção é programar apenas o que é necessário de cada vez, o que resulta numa utilização óptima dos recursos. Dito isto, é de notar que as práticas de monitorização do estado e de diagnóstico de falhas também são aplicadas para melhorar o controlo da qualidade do produto final e, como tal, também podem ser consideradas como ferramentas de monitorização do processo.

A monitorização da condição é um processo de monitorização contínua das caraterísticas operacionais de uma máquina para prever a necessidade de manutenção antes de ocorrer uma deterioração ou avaria. A manutenção baseada na condição (CBM) difere do método de manutenção preventiva anteriormente utilizado, centrando a manutenção no estado atual da máquina e não num calendário predefinido. A necessidade de monitorização do estado das máquinas decorre do facto de, numa central eléctrica ou numa empresa de eletricidade, qualquer falha inesperada ou uma paragem poder resultar num acidente fatal ou numa enorme perda de produção. A monitorização do estado resolve estes problemas fornecendo informações úteis para utilizar as máquinas de forma optimizada.

Em meados da década de 1970, quando o controlo do estado começou a desenvolver-se, era geralmente tratado como um instrumento para medições tecnológicas dos parâmetros que descreviam o estado dos artigos. Mas a partir de 1980, a tecnologia da informação sofreu uma mudança radical, que teve um grande impacto na monitorização de condições, ao erodir as fronteiras entre o computador pessoal (PC) e o instrumento. A recolha e o processamento de dados tornaram-se muito simples, uma vez que a rede de PCs substituiu os computadores mainframe, permitindo que a informação fosse partilhada por toda a empresa. Agora, o foco é colocado nos resultados obtidos a partir dos dados processados, em vez dos dados obtidos a partir das medições, tornando a monitorização de condições numa tecnologia orientada para os resultados que ajuda os projectistas e o pessoal operacional, fornecendo informações inteligentes. Além disso, as diferentes tecnologias de medição no âmbito da monitorização de condições, que têm estado a competir entre si, estão a ser integradas numa disciplina múltipla, de modo a complementarem-se mutuamente. Isto facilita ao decisor a escolha da melhor combinação de técnicas de monitorização, que são económica e tecnicamente sólidas e servem o objetivo principal da monitorização das condições.

As técnicas de monitorização da condição são reconhecidas como um meio útil de antecipar falhas incipientes em determinado tipo de equipamento. Estas técnicas permitem o planeamento de actividades de manutenção antes da falha. Assim, podem ser programadas acções corretivas para minimizar as interrupções da produção.

A monitorização da condição é uma técnica de gestão que utiliza a avaliação regular da condição de funcionamento real do equipamento da fábrica, dos sistemas de produção e das funções de gestão da fábrica para otimizar o funcionamento total da fábrica. A manutenção baseada na condição é o trabalho de manutenção preventiva baseado na procura periódica ou contínua de problemas que esperamos não reduzir a taxa de deterioração dos componentes da máquina, mas controlar as consequências de defeitos ou falhas inesperadas.

Os principais factores de um programa de monitorização de condições são os seguintes,

1. Instrumentação de ponta e métodos de monitorização.
2. Análise especializada
3. Sistema de informação que permite uma fácil recuperação de dados
4. Organização flexível da manutenção que permite uma interface de operação ou manutenção fácil.
5. Capacidade de efetuar análises em linha.

5.2 Falha da máquina

A maior parte das máquinas tem de funcionar dentro de um conjunto relativamente próximo de limites. Estes limites, ou condições de funcionamento, são concebidos para permitir um funcionamento seguro do equipamento e para garantir que as especificações de conceção do equipamento ou do sistema não são ultrapassadas. São normalmente definidos para otimizar a qualidade do produto e o rendimento (carga) sem sobrecarregar o equipamento. De um modo geral, isto significa que o equipamento irá funcionar dentro de uma determinada gama de velocidades de funcionamento. Esta definição inclui tanto o funcionamento em estado estacionário (velocidade constante) como máquinas de velocidade variável, que podem mover-se numa gama mais ampla de funcionamento, mas que ainda têm limites fixos baseados em restrições de conceção. Ocasionalmente, é necessário que as máquinas funcionem fora destes limites durante curtos períodos de tempo (durante o arranque, a paragem e sobrecargas planeadas).

A principal razão para empregar a monitorização do estado da máquina e o diagnóstico de falhas é gerar informações precisas e quantitativas sobre o estado atual da máquina. Isto permite expectativas mais confidentes e realistas relativamente ao desempenho da máquina. Ter em mãos este tipo de informação fiável permite que as seguintes questões sejam respondidas com confidência:

- Uma máquina aguenta uma sobrecarga necessária?
- O equipamento deve ser retirado de serviço para manutenção agora ou mais tarde?
- Quais são as actividades de manutenção (caso existam) necessárias?
- Qual é o tempo previsto até à falha?
- Qual é o modo de falha esperado?

A avaria de uma máquina pode ser definida como a incapacidade de uma máquina desempenhar a sua função requerida. A falha é sempre específica da máquina. Por exemplo, os rolamentos da polia de suporte de uma correia transportadora podem estar muito danificados ou desgastados, mas desde que os rolamentos não estejam bloqueados, a máquina não falhou. Outras máquinas podem não tolerar estas condições de funcionamento. Uma unidade de disco de computador pode ter apenas um ligeiro desgaste ou desalinhamento, resultando num funcionamento ruidoso, o que constitui uma falha.

Existem também outras considerações que podem ditar que uma máquina já não funciona adequadamente. As considerações económicas podem levar a que uma máquina seja classificada como obsoleta e que seja programada para substituição antes de estar "gasta". As considerações de segurança também podem exigir a substituição de peças para garantir que o risco de falha seja minimizado.

Causas de falha

Se não considerarmos o desgaste gradual das máquinas como uma causa de avaria, existem ainda muitas causas específicas de avaria. Estas são talvez tão numerosas como os diferentes tipos de máquinas. Existem, no entanto, algumas categorias genéricas que podem ser listadas. Deficiências no projeto original, material ou processamento, montagem incorrecta, manutenção inadequada e exigências operacionais excessivas podem causar falhas prematuras.

Tipos de falhas

Tal como acontece com as causas de falha, existem muitos tipos diferentes de falha. Aqui, esses tipos serão subdivididos em apenas duas categorias. As falhas catastróficas são repentinas e completas. As falhas incipientes são parciais e geralmente graduais. Com exceção de alguns casos, existe um aviso prévio do início da falha; ou seja, a grande maioria das falhas passa por uma fase incipiente distinta. O objetivo da monitorização do estado da máquina e do diagnóstico de avarias é detetar este início, diagnosticar o estado e acompanhar a sua progressão ao longo do tempo. Espera-se que o tempo até à falha final possa ser melhor estimado, o que permitirá fazer planos para evitar repercussões catastróficas indevidas. Isto, claro, exclui as falhas causadas por forças externas imprevistas e incontroláveis.

5.3 Objectivos da monitorização da condição

- Maximizar a produção reduzindo as interrupções inesperadas e não planeadas.
- Minimizar os riscos para o pessoal e a libertação de materiais tóxicos e/ou inflamáveis para o ambiente.
- Minimizar os custos de manutenção.
- Redução do tempo de paragem e aumento da disponibilidade do equipamento da fábrica.
- Redução do inventário de peças de reparação.
- Melhorar o conhecimento do estado das máquinas.
- Eliminação das revisões programadas no tempo.
- Prolongar a vida útil do sistema da instalação.
- Redução das avarias não programadas.

5.4 Métodos de monitorização da condição

Existem dois métodos principais utilizados para a monitorização do estado dos equipamentos, que são

1. Monitorização de tendências.
2. Controlo da condição.

1. Controlo das tendências

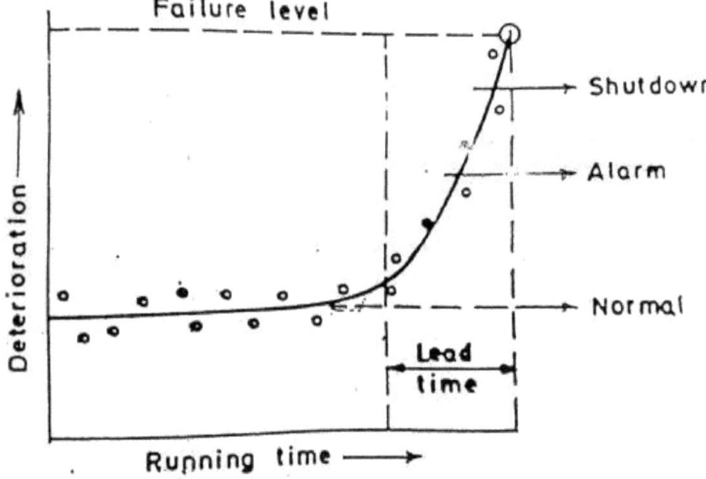

Figura 5.1 Controlo de tendências

É a medição contínua ou regular e a interpretação dos dados recolhidos durante o funcionamento da máquina para indicar variações nas condições do funcionamento da máquina para indicar variações nas condições da máquina ou dos seus componentes, no interesse de um funcionamento seguro e económico. Isto implica a seleção de uma indicação adequada e mensurável da deterioração da máquina ou do componente e o estudo da tendência desta medição com o tempo de funcionamento para indicar quando a deterioração excede um estado crítico. O princípio envolvido é mostrado na figura 5.1, que mostra a forma como essa monitorização de tendências pode dar um tempo de avanço antes de a deterioração atingir um nível em que a máquina teria de ser desligada. Este tempo de espera é uma das principais vantagens da utilização da monitorização de tendências em vez dos simples alarmes dos dispositivos de paragem automática utilizados na monitorização permanente.

2. Controlo da condição

Na verificação do estado, o nível global de vibração e também os níveis de vibração nas gamas de frequência especificadas são registados numa folha de dados e comparados com os limites aceitáveis. Se excederem os limites especificados em qualquer ponto, é emitido um sinal de aviso para iniciar uma ação de manutenção adequada. Numa grande fábrica, onde um grande número de máquinas quase semelhantes está a funcionar, a ação de manutenção para estas máquinas é decidida da seguinte forma. As assinaturas de vibração dessas máquinas são obtidas e, com base nessas assinaturas, são decididos os níveis de vibração aceitáveis, sendo depois traçada uma linha de manutenção, como se mostra na figura 5.2. A parte sombreada na figura representa o envelope das assinaturas de vibração obtidas de máquinas semelhantes. As zonas de frequência A, B, C e D são identificadas, correspondendo a avarias específicas de componentes. Isto pode ser feito com base em histórias de casos de máquinas ou a partir de gráficos de identificação de causas. Para o caso apresentado na figura 3.3, os defeitos identificados para estas zonas são os seguintes

A- Baixa frequência: Desequilíbrio do rotor
B- Frequência do fluido nas bombas: Possíveis danos no rotor
C- Frequência da pista de rolamento: Danos na chumaceira
D- Alta frequência: Falta de lubrificação nos rolamentos.

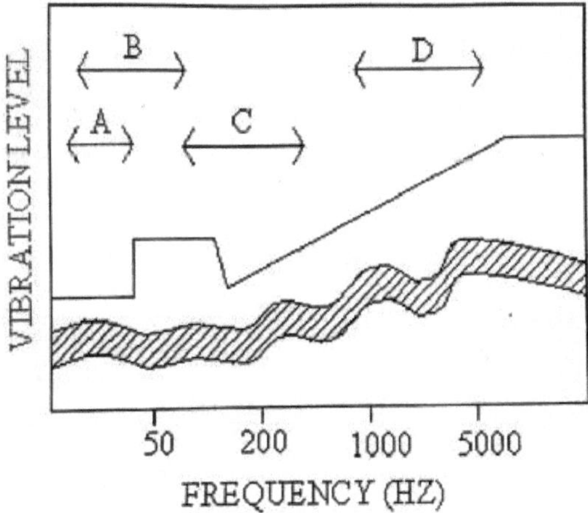

Figura 5.2 Controlo do estado das coisas

O operador obtém periodicamente uma assinatura e compara-a com a linha de manutenção. Se estiverem perto da linha de manutenção, a manutenção é solicitada. O quadro 5.1 apresenta uma comparação dos métodos de controlo do estado e de diagnóstico de avarias.

Tabela 5.1 Comparação de métodos de monitorização da condição e diagnóstico de falhas

	Monitorização de tendências	Controlo da condição	Diagnóstico de problemas ou falhas
Calendário de medição	Leituras efectuadas em intervalos de tempo regulares enquanto a máquina está a funcionar	Leituras efectuadas no momento em que a máquina está a funcionar	Quando o problema se manifestar ou após a ocorrência de uma avaria
Medição Qualitativa	Os operadores qualificados podem efetuar uma monitorização subjectiva das tendências se estiverem suficientemente próximos das máquinas	Atividade típica de um engenheiro ao verificar uma máquina durante o seu funcionamento.	Quando a máquina está parada. A inspeção dos componentes pode indicar a causa do problema
Medição quantitativa	A realização de medições regulares, bem como o seu registo e análise, permite antecipar os problemas das máquinas	Os valores numéricos permitem a comparação com padrões estabelecidos noutras máquinas semelhantes, de modo a conhecer o estado da máquina	As medições podem ser analisadas com bastante pormenor para fornecer orientações sobre as possíveis causas do problema

A monitorização da condição envolve a deteção ou a deteção de uma falha ou avaria numa fase suficientemente precoce, antes de grandes avarias. Isto inclui 3 passos, que são os seguintes

1. Deteção (quando) da falha em desenvolvimento numa fase precoce.
2. Diagnóstico (O quê) da sua origem para que se possa encomendar uma peça de substituição.

3. Prognóstico (Forecast) planeamento subsequente da manutenção, reparação ou paragens.

Nos casos em que o fator económico mais importante é a danificação da máquina, deve ser utilizada a monitorização permanente; nos casos em que o fator económico mais importante é a perda de produção, a monitorização das condições é a mais adequada. Algumas situações podem ser melhor servidas por ambos os métodos em paralelo.

O aspeto mais importante da manutenção baseada nas condições consiste em decidir todos os parâmetros críticos a monitorizar. Este conhecimento é geralmente obtido a partir do comportamento e dos padrões de falha de componentes individuais, da experiência de estudos de casos revelados a outros, etc. É impossível monitorizar todos os componentes, mesmo na manutenção baseada nas condições mais bem gerida, uma certa proporção ainda não é detectada, além de que nem todos os componentes de uma máquina ou de uma fábrica têm de ser seguidos para diferentes componentes, dependendo de vários factores, como o padrão de falha, o tempo médio entre falhas (MTBF), o custo da monitorização das condições, etc.

Para que a manutenção baseada nas condições funcione corretamente, são necessárias as seguintes informações para o encarregado

- Estado da máquina
- Peça provável da máquina defeituosa.
- Defeito provável.
- Tempo durante o qual a falha tem de ser corrigida.

5.5 Economia da monitorização da condição

Os estudos indicam que há uma poupança e uma melhoria consideráveis no funcionamento das máquinas. As principais poupanças que se podem obter com a aplicação do controlo do estado das máquinas industriais resultam do facto de se evitarem perdas de produção devido a avarias das máquinas e de se reduzirem os custos de manutenção.

Com base no inquérito, verificou-se que as poupanças anuais resultantes, quando o sistema de monitorização está totalmente operacional, são da ordem de 1% da produção anual acrescentada da organização. A produção anual acrescentada é a quantidade de valor acrescentado às matérias-primas pelo processo de fabrico e é a diferença entre o total das vendas anuais e o custo anual das matérias-primas, do combustível e da energia utilizados. Desta poupança anual, 65% resulta de poupanças relacionadas com a produção e 35% de poupanças relacionadas com a manutenção. Os 35% de poupança relacionados com a manutenção podem ser calculados da seguinte forma.

- Redução de 15% dos custos de manutenção.
- Diminuição das perdas de produção estimadas em valor equivalente a 20% do custo de manutenção.

5.6 Configurar uma atividade de monitorização de condições

Antes de considerar a possibilidade de aplicar a monitorização do estado das suas instalações, máquinas ou equipamentos, há uma série de aspectos que devem ser tidos em conta.

- A direção do estabelecimento deve familiarizar-se com os princípios da monitorização das condições e com os seus possíveis benefícios.
- Em seguida, devem considerar os vários factores que afectam as aplicações da monitorização do estado.
- As possíveis economias financeiras que poderão obter devem ser avaliadas com base nas estatísticas financeiras gerais do estabelecimento.
- O plano de controlo das condições não deve ser inferior a 3 anos.
- Deve então pedir-se a um engenheiro sénior que faça um levantamento das instalações e do equipamento, recomende quais os itens que devem ser monitorizados e através de que métodos e, em seguida, prepare estimativas de custos.
- Deve ser tomada uma decisão final sobre as despesas efectivas a autorizar e deve ser dada autorização para encomendar o equipamento ou os serviços necessários e para formar o pessoal necessário. Uma altura particularmente adequada para iniciar a monitorização do estado é quando se introduzem novas instalações ou equipamentos.
- É necessário um apoio considerável da direção para o primeiro ano de funcionamento e para a recolha de dados sobre a máquina.

5.7 Implementação da monitorização de condições

Quando um estabelecimento industrial está a considerar a possibilidade de aplicar a monitorização do estado das suas máquinas ou equipamentos, há uma série de aspectos que devem ser tidos em conta. A direção do estabelecimento deve familiarizar-se com os princípios da monitorização de condição e os seus possíveis benefícios. As possíveis poupanças financeiras que podem obter devem também ser avaliadas com base nas estatísticas financeiras gerais do estabelecimento e deve ser tomada uma decisão final sobre as despesas efectivas a autorizar e deve ser dada a aprovação.

Uma vez considerados os factores acima referidos, pode ser implementado um programa de monitorização do estado. A metodologia de implementação de um programa completo de monitorização de condições envolve o seguinte.

1. Formação de examinadores por
   - Tornar claros os objectivos da monitorização das condições.
   - Ilustrando os princípios e o funcionamento dos instrumentos.
   - Frequentar cursos de atualização em matérias profissionais como a lubrificação, a montagem de rolamentos de esferas, a análise de vibrações, etc.
2. Listar e numerar todas as máquinas de modo a ter a sua identificação e localização.
3. Seleção das máquinas críticas: Considera-se que uma máquina é crítica quando a sua paragem pode causar perdas de produção ou perigo para o pessoal; esta distinção não depende apenas da qualidade, mas também da qualidade do produto. O grau de criticidade de uma máquina é um dos factores que influenciam a frequência dos exames.
4. Estabelecimento de um programa e de métodos que especifiquem as peças a examinar. A fiabilidade da monitorização do estado depende não só do instrumento, mas sobretudo

da competência e do sentido de responsabilidade do examinador que se interessa por um grupo de máquinas.

5. Estabelecer, para cada máquina, os limites de gravidade do parâmetro de estado da máquina (vibração, som, temperatura, contaminação, etc.) a medir.

6. Seleção das frequências de exame adequadas: Para chegar à melhor frequência de exame, devemos considerar para cada máquina.

- A sua importância no fluxograma do processo.
- A disponibilidade da máquina de reserva.
- A normalização dos artigos
- As condições de funcionamento.
- As estatísticas de avarias (MTBF e MTTR)
- O custo do exame.
- O custo global do fracasso.
- O custo de manutenção.

7. Registo de dados.

8. Análise dos dados para identificar a falha.

9. Recomendação das actividades de manutenção a realizar.

10. Acompanhamento e verificação das actividades de manutenção recomendadas.

5.8 Técnicas de monitorização da condição

O diagnóstico de máquinas é uma técnica que permite verificar de forma precisa e quantitativa o estado das máquinas e prever o seu futuro. O método de manutenção baseado na determinação exacta do estado da máquina é designado por manutenção baseada na condição ou manutenção preditiva. A monitorização do estado da máquina implica a medição ou verificação de todos os parâmetros primários e secundários vitais ou da assinatura emitida pela máquina durante o seu funcionamento. A pressão, a temperatura, o caudal, etc. são parâmetros primários, ao passo que a vibração, o ruído, a corrosão, o desgaste, etc. são parâmetros secundários.

Apesar do grande número de técnicas e da quantidade de instrumentos disponíveis, algumas das principais técnicas de monitorização são apresentadas a seguir.

1. Monitorização visual.
2. Monitorização do som.
3. Monitorização de vibrações.
4. Monitorização de resíduos de desgaste.
5. Monitorização do desempenho e do comportamento.
6. Monitorização da corrosão.
7. Ensaios não destrutivos.

1. Monitorização visual

Esta técnica é provavelmente o método mais simples e mais económico de monitorização do estado. Essencialmente, consiste na inspeção visual de uma máquina ou de um produto através de meios de teste visuais, tais como lentes de aumento, microscópios, fotografias, boroscópios, scanners de fibra ótica, estroboscópios, impressão de superfícies ou a olho nu. A inferência é feita a partir do aspeto geral e de propriedades como a cor, a forma e a textura.

2. Monitorização do som

O ruído emitido por um equipamento contém dados de diagnóstico úteis para a avaliação do seu estado. O pessoal experiente pode fazer uma avaliação intuitiva ouvindo diretamente o som. Podem ser obtidos diagnósticos quantificáveis a partir de assinaturas sonoras e do processamento de dados. A análise do som não é tão amplamente utilizada como a análise das vibrações, provavelmente devido à maior dificuldade na interpretação dos sinais sonoros. Embora as técnicas de instrumentação sejam semelhantes, as dificuldades residem nas diferenças fundamentais entre a transmissão do som e das vibrações.

3. Monitorização das vibrações

O que envolve a fixação de um transdutor (sonda de velocidade, acelerómetro ou sonda de proximidade) a uma máquina para registar o seu nível de vibração, estão também disponíveis equipamentos especiais para utilizar a saída do sensor para indicar a natureza do problema e a sua causa precisa. A análise de vibrações pode dar uma ideia quantitativa útil sobre o estado do equipamento. A existência de um problema pode ser detectada a partir dos níveis globais de vibração. Os problemas também podem ser diagnosticados a partir do conteúdo de frequência, da forma de onda, da direção do componente principal e da análise de fase dos sinais de vibração.

4. Monitorização dos resíduos de desgaste

Baseia-se no princípio de que as superfícies de trabalho de uma máquina são lavadas pelo seu óleo lubrificante e que qualquer dano das mesmas deve ser detetável a partir de partículas de resíduos de desgaste no óleo. A quantidade de partículas de desgaste no óleo lubrificante fornece informações sobre a existência do problema. A análise do tamanho, forma, densidade e composição do material das partículas de desgaste ajuda a identificar o problema. Para este efeito, as técnicas mais utilizadas são a análise espectrográfica ou o exame microscópico de amostras de óleo após separação magnética.

5. Monitorização do desempenho e do comportamento

Ao monitorizar a tendência das caraterísticas de desempenho, como a temperatura, a pressão, a eficiência, etc., será possível avaliar o estado do equipamento. A base da avaliação é a uniformidade da taxa da quantidade que está a ser medida, o nível de qualidade, a uniformidade da qualidade, etc. Um bom exemplo seria a monitorização de uma bomba e a comparação da sua pressão e débito para verificar se está a funcionar na linha de desempenho correta.

A monitorização do comportamento de um componente envolve a verificação de um componente para ver se está a desempenhar a função a que se destina. Por exemplo, monitorizar o desempenho de um rolamento medindo a sua temperatura para ver se está a cumprir a sua função de transmitir a carga entre superfícies móveis com o mínimo de atrito.

A tabela 5.2 mostra as aplicações gerais dos métodos de monitorização para a deteção e definição de problemas nas máquinas

Tabela 5.2 A aplicação geral dos métodos de monitorização à deteção e definição de problemas da máquina

Métodos de controlo	**Deteção da existência de problemas através da medição do nível**	**Determinação da natureza do problema através da análise dos**		
Monitorização visual	Aspeto geral	Coloração	Forma	Textura
Monitorização do desempenho	Taxa de produção	Uniformidade do ritmo de produção	Nível de qualidade	Uniformidade da qualidade
Monitorização de vibrações	Nível geral de vibração	Conteúdo de frequência	Forma de onda do sinal	Estatísticas de sinais
Monitorização de resíduos de desgaste	Quantidade de detritos	Distribuição do tamanho dos detritos	Forma dos detritos	Composição química dos detritos

6. Monitorização da corrosão

Este método é normalmente aplicado a instalações fixas que contêm materiais agressivos e destina-se a monitorizar as taxas de corrosão interna nas paredes da instalação. Alguns dos métodos utilizados para o controlo da corrosão são os seguintes

- Cupões de corrosão.
- Medição da resistência à polarização que é inversamente proporcional à taxa de corrosão.
- Método de resistência eléctrica que utiliza o facto de a alteração da área devido à perda de material alterar a resistência.

7. Ensaios não destrutivos

Os defeitos nos componentes podem ser detectados através da aplicação de princípios físicos sem prejudicar a utilidade dos componentes. Esta técnica é mais frequentemente designada por END, que é aplicada não só à deteção e localização de defeitos, mas também à antecipação de variações ou não uniformidades nas propriedades que podem ser toleradas durante o serviço. Os END envolvem a radiografia, a deteção de defeitos por ultra-sons. Técnica de emissão acústica, ensaios de penetração de corante, ensaios de partículas magnéticas, etc. A técnica adequada deve ser selecionada em função do tipo de defeito e da natureza dos dados a obter.

5.9 Parâmetros dependentes da condição

Os parâmetros que são frequentemente os portadores dos sintomas reconhecíveis de um componente doente ou de uma aplicação incorrecta da máquina são designados por parâmetros de condição, que são os seguintes

- Ruído.
- Velocidade.
- Fluxo.
- Velocidade.

- Vibração.
- Pressão.
- Contaminação.
- Temperatura.
- Força.
- Aceleração.
- Estirpe.
- Binário.
- Humidade.
- Eficiência.
- Potência.
- Detritos de desgaste.
- Deslocação.

5.10 Vantagens da monitorização da condição

Ao implementar a monitorização das condições, será possível evitar a manutenção desnecessária e reduzir o número de falhas que existirão nas outras estratégias de manutenção. As vantagens obtidas com a utilização da monitorização do estado são apresentadas na tabela 5.3.

Tabela 5.3 Vantagens obtidas pela utilização da monitorização da condição

	Vantagem obtida		Métodos através dos quais a monitorização da condição proporciona estas vantagens	
			Prazo de execução	Melhor conhecimento da máquina
Segurança	Redução das lesões e dos acidentes mortais do pessoal causados por máquinas		Permite a paragem segura da instalação quando não é permitido o encerramento imediato	O estado da máquina, indicado por um alarme, é adequado se for permitido o encerramento imediato
Saída	Maior disponibilidade da máquina	Mais tempo de funcionamento	Permite que a paragem da máquina para manutenção esteja relacionada com a produção ou serviço necessários e que sejam evitadas várias perdas consequentes de paragens inesperadas	Permite maximizar o tempo entre as revisões planeadas da máquina e, se necessário, permite que uma máquina seja cuidada até à próxima revisão planeada

		Menos tempo de manutenção	Permite que a máquina seja desligada sem destruição ou danos importantes que exijam um longo período de reparação para começar a trabalhar assim que a máquina é desligada	Reduz o tempo de inspeção após o encerramento e acelera o início da ação corretiva correta
	Aumento da taxa de saída líquida			Permite que alguns tipos de máquinas funcionem a uma carga e/ou velocidade mais elevadas. Pode detetar reduções na eficiência da máquina ou aumento do consumo de energia
	Melhoria da qualidade do produto ou serviço		Permite um planeamento avançado para reduzir as avarias no cliente do produto ou serviço, melhorando assim a reputação da empresa.	Pode ser utilizado para reduzir a quantidade de produtos ou serviços produzidos com níveis de qualidade inferiores aos padrões.

Além disso, a implementação da monitorização do estado tem outros benefícios financeiros, a monitorização do estado proporciona as seguintes vantagens

- Reduz a probabilidade de avarias catastróficas inesperadas com consequências dispendiosas ou perigosas.
- Reduz ao mínimo o número de revisões nas máquinas e, consequentemente, reduz os custos de manutenção.
- Elimina intervenções desnecessárias e riscos de introdução de falhas em máquinas que funcionam corretamente.
- Minimiza o investimento morto em peças sobresselentes dispendiosas, uma vez que o tempo de espera obtido pela monitorização do estado permite a aquisição atempada das peças sobresselentes necessárias.

- Reduz o tempo de intervenção e, consequentemente, minimiza a perda de produção, uma vez que a avaria a reparar é conhecida antecipadamente e as revisões podem ser programadas quando for mais conveniente.
- Reduz os ferimentos e os acidentes mortais do pessoal causados pela máquina.
- Aumento da taxa de produção líquida.
- Aumento da disponibilidade da máquina.
- Melhoria da qualidade do produto ou serviço.
- Reduzir o tempo de inspeção.
- Reduzir o tempo de inatividade.
- Redução das avarias não programadas.
- Aumentar a vida útil da máquina.

O resultado de um programa de monitorização de condições são dados, até que sejam tomadas medidas para resolver os desvios ou problemas revelados pelo programa, o desempenho da fábrica não pode ser melhorado. Portanto, uma filosofia de gerenciamento comprometida com a melhoria da planta deve existir antes que qualquer benefício significativo possa ser obtido.

5.11 Desvantagens da monitorização da condição

- É necessário um investimento a curto prazo.
- O equipamento de controlo do estado é dispendioso.
- Os sensores de monitorização de condições podem não sobreviver dependendo do ambiente.
- Apresenta períodos de manutenção imprevisíveis.
- O equipamento de teste de monitorização de condições é caro de instalar e as bases de dados custam dinheiro para analisar
- Custo da formação do pessoal - é necessário um profissional experiente para analisar os dados e efetuar o trabalho
- As falhas por fadiga ou desgaste uniforme não são facilmente detectadas com medições CBM
- Os sensores de condição podem não sobreviver no ambiente operacional
- Pode exigir modificações nos activos para equipar o sistema com sensores
- Períodos de manutenção imprevisíveis

5.12 Computadores no programa de monitorização de condições

A utilização de computadores e microprocessadores elimina a tarefa laboriosa de processamento e redução de dados. Com um sistema informatizado, a apresentação clara dos dados permite a tomada de decisões rápidas para acções corretivas. Uma vez introduzidos os dados, um sistema controlado por computador desempenha 3 funções básicas, que são as seguintes

1. Registo

Esta é a listagem das leituras actuais ou passadas de todos os sensores, incluindo o estado do alarme/desarme. Os registos de dados podem ser apresentados no CRT ou listados pela impressora. O registo inclui a data, hora da listagem, identificação do sensor, nome da máquina, parâmetro de funcionamento, níveis de vibração, definições de alarme e estado geral atual.

2. Análise

Os computadores ajudam muito na realização da análise real dos sinais de vibração no que diz respeito a vários fenómenos como os factores Tempo, Fase, Frequência e Amplitude. De seguida, apresentam-se algumas das análises de dados possíveis com a ajuda de computadores.

- Análise do espetro (Frequência v/s Amplitude)
- Amplitude v/s RPM
- Amplitude v/s Tempo
- Análise de fase.
- Análise de modelos.

3. Tendências

Trata-se normalmente de um registo da amplitude da vibração em função do tempo. Uma linha de tendência inalterada não requer qualquer ação, mas uma linha de tendência crescente indica uma condição anormal. As técnicas de análise estatística para extrapolar o tempo até ao alarme, paragem e/ou falha também podem ser incorporadas no software do sistema.

5.13 Estudo de caso - Monitorização da condição do moinho de descarga de uma máquina de Banbury

1. Introdução

A concorrência num mercado cada vez mais global e mercadológico criou novas técnicas de manutenção para manter o seu desempenho em termos de qualidade, produtividade e custos. Uma dessas técnicas recentes é a monitorização do estado das máquinas. A monitorização das condições não é mais do que a verificação do estado da máquina através de parâmetros como a vibração. A deteção de falhas incipientes nas máquinas é muito importante para conseguir uma produção sem entraves em qualquer fábrica. Se for corretamente utilizada, a monitorização do estado das máquinas pode identificar a maioria, se não todos, os factores que limitam a eficácia e a eficiência de toda a instalação. Uma das técnicas mais promissoras de monitorização do estado das máquinas baseia-se na análise dos sinais de vibração. Neste trabalho, a vibração é selecionada como o parâmetro para avaliar o estado do moinho de rolamento de uma máquina Banbury numa indústria de fabrico de pneus. Na maioria dos casos, foram selecionados pontos de apoio para avaliar o nível de vibração. O nível normal foi fixado a partir dos Manuais, Catálogos de Fabricantes e algumas Normas de Vibrações. Os dados de vibração foram retirados das máquinas com a ajuda do Rio-Vibro Meter em diferentes locais e a análise foi efectuada de modo a encontrar os componentes defeituosos na máquina e as acções corretivas foram também propostas no final.

2. Monitorização da condição

A monitorização do estado é uma técnica de gestão que utiliza a avaliação regular do estado de funcionamento real do equipamento da fábrica, dos sistemas de produção e das funções de gestão da fábrica para otimizar o funcionamento total da fábrica. Os principais factores de um programa de monitorização de condições são os seguintes: instrumentação e métodos de monitorização de última geração, análise especializada, sistema de informação que permite uma fácil recuperação de dados, organização flexível da manutenção que permite uma interface fácil de operações ou manutenção e capacidade de efetuar análises em linha.

A. Passos para a criação de um programa de monitorização de vibrações

Os sete passos básicos para a criação de um programa de monitorização de vibrações são os seguintes

- Seleção das Máquinas Críticas a incluir no programa.
- Estabelecimento de níveis aceitáveis de vibração das máquinas.
- Determinação do estado de cada máquina e dos níveis normais de vibração.
- Seleção de pontos de captação de vibrações.
- Seleção do intervalo dos controlos periódicos das vibrações.
- Iniciar um sistema simples de registo de dados.
- Formação de pessoal para a execução do programa.

B. Defeitos diagnosticados pela monitorização das vibrações

Os defeitos diagnosticados por monitorização de vibrações são [08] defeitos em veios e rotores, defeitos em chumaceiras de rolamentos, defeitos em engrenagens, defeitos em máquinas com pás ou impulsores, defeitos em chumaceiras de mancais, defeitos em accionamentos por correia, etc. A vibração é o movimento de uma máquina ou peça de máquina para a frente e para trás a partir da sua posição de repouso. São os problemas mecânicos associados ao funcionamento da máquina que provocam a vibração. Alguns dos problemas mais comuns que produzem vibrações são o desequilíbrio de peças rotativas, componentes excêntricos, desalinhamento de acoplamentos e rolamentos, veios dobrados, folga de componentes, engrenagens gastas ou danificadas, correias e correntes de transmissão em mau estado, forças electromagnéticas, forças aerodinâmicas, forças hidráulicas, ressonância, etc.

C. Instrumentos de medição

A amplitude da vibração é medida em termos de [09] Deslocamento, Velocidade e Aceleração. Para medir as vibrações são utilizados instrumentos electrónicos, o coração do sistema de medição é um transdutor. Um transdutor é um dispositivo de deteção que converte uma forma de energia (vibração mecânica) num sinal elétrico. Os locais de medição geralmente selecionados são as caixas de rolamentos de uma máquina, porque é através destas caixas que as forças de vibração dos elementos rotativos são transmitidas. As medições são efectuadas nas direcções vertical, horizontal e axial quando se procede a uma análise aprofundada das vibrações.

Existem diferentes tipos de instrumentos que são utilizados para a monitorização do estado das máquinas, tais como o vibrómetro, o SPM (medidor de impulsos de choque), o medidor Riovibro, o analisador de vibrações FFT, o analisador Bering, o IRD Mechanalysis, o medidor de nível sonoro, etc. O Riovibro Meter é um medidor de vibrações de bolso que é mais adequado para medições no local. As caraterísticas do medidor Riovibro são

- É um instrumento de mão, a vibração e o ecrã digital são montados numa única peça sem qualquer cabo.
- Máxima simplicidade de funcionamento, apenas um botão controla a medição.
- Medição em três factores-chave, tais como Deslocamento (0,001 a 1,999 mt P-P), Velocidade (0,01 a 19,99 mt/seg RMS) e Aceleração (0,1 a 199,9 mt/seg^2 Pico).

3. Monitorização das vibrações em Banbury

Existem 5 máquinas Banbury numa indústria de fabrico de pneus selecionada. Normalmente, estas máquinas funcionam durante todo o ano e são utilizadas para misturar borracha sintética e natural. Depois de misturada, a borracha tem de passar por vários moinhos e estas máquinas são críticas, uma vez que a sua avaria afecta a produção. Por conseguinte, procede-se à observação destas máquinas. A técnica de monitorização de vibrações foi utilizada para monitorizar o estado do moinho de despejo de uma máquina de Banbury, selecionando a velocidade de vibração e o deslocamento como parâmetro. As amplitudes de vibração Velocidade (V) e Deslocamento (D) foram medidas em triaxial, isto é, nas direcções Horizontal (H), Vertical (V) e Axial (A) em 8 locais diferentes (pontos de apoio) e as leituras são registadas na tabela-5.4.

Tabela 5.4 Folha de dados de vibração para o moinho de descarga de uma máquina Banbury.

c		*12TH OCT*		*5TH NOV*		*3RD DEC*		*4TH JAN*		*6TH FEV*		*1ST MAR*	
Pontos de apoio		*V*	*D*	*V*	*D*	*V*	*D*	*V*	*D*	*V*	*D*	*V*	*D*
1	*H*	*12.4*	*132*	*11.3*	*110*	*15.2*	*122*	*19.8*	*152*	*15.4*	*198*	*14.1*	*191*
	V	*15.2*	*175*	*14.7*	*160*	*16.6*	*155*	*18.6*	*135*	*15.7*	*146*	*13.9*	*141*
	A	*10.3*	*153*	*9.9*	*135*	*9.3*	*132*	*8.6*	*95*	*7.8*	*68*	*6.6*	*62*
2	*H*	*14.1*	*193*	*19.1*	*205*	*14.3*	*213*	*12.5*	*86*	*17.1*	*203*	*18.2*	*213*
	V	*20.4*	*197*	*14.9*	*210*	*18.5*	*242*	*25.9*	*193*	*24.4*	*235*	*23.2*	*242*

3	H	22.6	198	14.7	150	26.6	143	38.2	125	25.4	290	22.1	233
	V	16.6	103	18.8	128	20.3	129	26.1	128	17.8	130	15.3	138
	A	19.5	122	21.7	192	27.2	183	31.5	180	26.6	135	21.5	145
4	H	24.8	220	14.8	215	16.3	202	17.4	295	20.8	245	21.1	231
	V	12.5	80	22.6	128	20.1	122	19.4	105	18.2	135	17.5	123
	A	19.7	135	21.6	149	21.4	141	21.3	153	16.8	152	15.1	143
5	H	12.3	79	24.2	78	18.8	205	14.1	115	16.2	118	26.1	208
	V	28.5	214	31.2	230	23.9	242	25.1	180	24.2	170	23.4	209
6	H	12.5	135	21.7	120	19.8	274	14.2	202	16.3	180	28.9	232
	V	24.8	95	19.1	85	14.1	208	13.3	68	17.5	65	22.9	260
	A	31.8	216	34.2	201	30.1	230	15.8	140	16.5	132	19.6	242
7	H	8.1	169	15.4	68	9.8	220	12.6	240	14.2	212	17.1	232
	V	12.1	58	16.3	280	13.6	106	18.6	135	16.4	125	14.5	59
	A	38.9	260	40.1	76	28.6	270	19.2	180	20.2	172	26.1	220
8	H	4.4	48	7.7	42	5.4	98	7.5	78	8.2	69	9.8	122
	V	12.6	152	18.8	150	23.6	280	20.3	85	19.2	80	16.7	178

A. *Análise de dados, interpretação de dados e acções de manutenção sugeridas para o moinho de descargas*

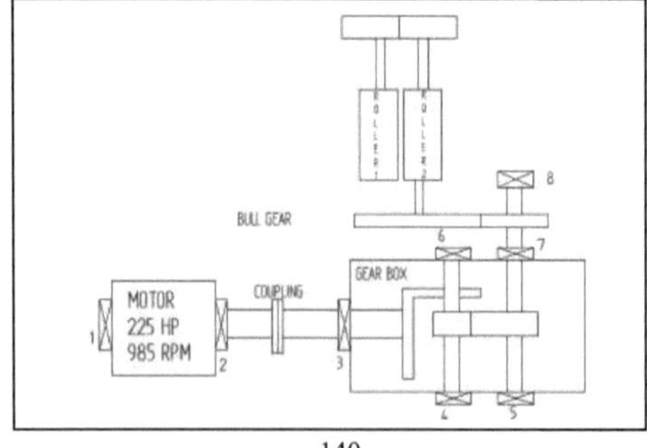

Figura 5.3 Diagrama de linha do moinho de descarregamento (Banbury Machine).

O diagrama linear do moinho de descarga de uma máquina Banbury é apresentado na Figura-5.3, na qual são mostrados todos os pontos de apoio. As leituras são efectuadas em todos os 8 pontos de apoio identificados nas direcções horizontal (H), vertical (V) e axial (A). A amplitude da vibração, tal como o Deslocamento (D) e a Velocidade (V), é medida com a ajuda do Rio-Vibro Meter para um intervalo fixo de 30 dias, para um período total de 6 meses. O gráfico representa o número de dias em função da velocidade em mm/s para todos os pontos de apoio identificados, como se mostra nos gráficos 1 a 8. O nível normal de amplitude de vibração foi fixado a partir dos Manuais, Catálogos de Fabricantes e algumas Normas de Vibrações. A análise é efectuada de modo a encontrar os componentes defeituosos da máquina e foram propostas acções corretivas.

Observando o gráfico de tendência (1 a 8) do moinho de descargas, tal como no gráfico 1 e 2, ou seja, a localização 1 e 2. Podemos ver que a vibração horizontal e vertical é maior quando comparada com a vibração axial, que está a mostrar uma tendência decrescente e a vibração vertical mostra uma vibração severa e isto inclui parafusos de montagem do motor soltos e o motor mostra uma frequência de 1X Rpm, o que indica que o problema é um problema elétrico e também observando o gráfico 3 e 4 na localização 3 e 4. Com base nisto, as acções de manutenção sugeridas são

- Verificar se os parafusos do motor estão soltos.
- Verificar e corrigir o problema elétrico no motor.
- Verificar a chumaceira e lubrificar a chumaceira.

A observação dos gráficos 5, 6 e 7 nos locais 5, 6 e 7 mostra também que a caixa de velocidades tem um nível de vibração mais elevado. Isto indica que o problema é o desalinhamento. Com base nisto, as acções de manutenção sugeridas são

- Verificar o alinhamento entre o motor e a caixa de rolamentos.
- Verificar o aperto dos parafusos de fixação da caixa de velocidades.
- Verificar a folga dos rolos e o engrenamento da engrenagem do touro.

.

Se a manutenção for efectuada a tempo, a falha catastrófica pode ser evitada, aumentando assim a disponibilidade da máquina e reduzindo os custos de manutenção. Os actuais estudos de monitorização do estado demonstraram que a monitorização e a análise das vibrações são muito úteis para a manutenção de diagnóstico das máquinas. A aplicação da monitorização das vibrações foi considerada eficaz na melhoria da qualidade do produto e na melhoria da fiabilidade da máquina.

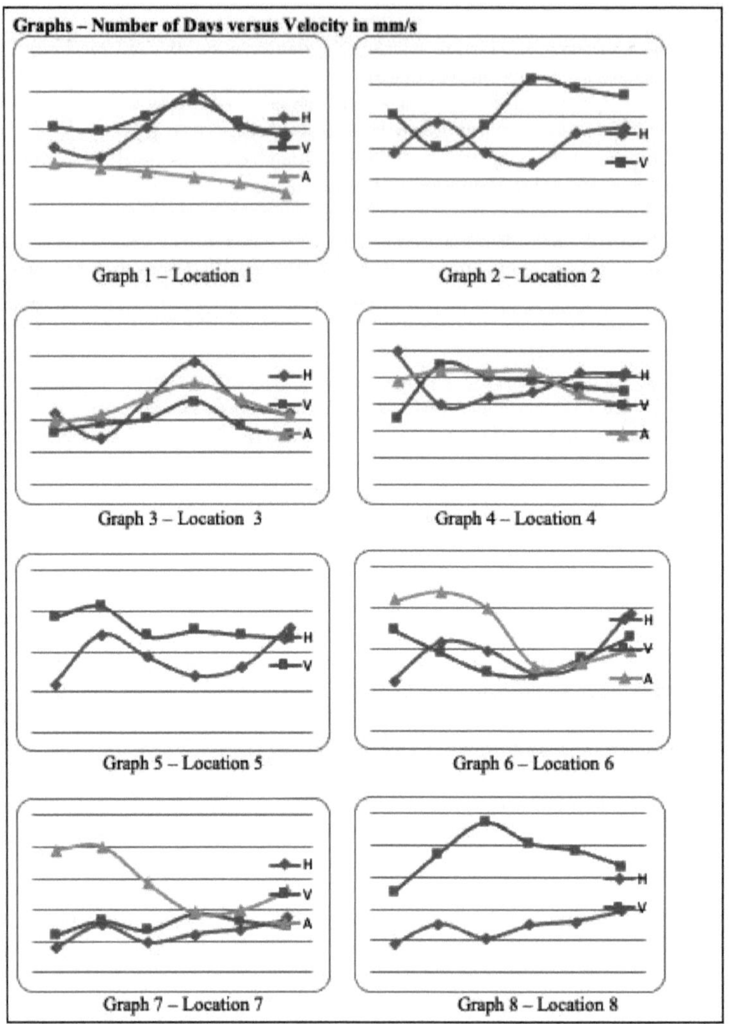

Graph 1 – Location 1

Graph 2 – Location 2

Graph 3 – Location 3

Graph 4 – Location 4

Graph 5 – Location 5

Graph 6 – Location 6

Graph 7 – Location 7

Graph 8 – Location 8

4. Conclusões

A monitorização da condição é um método de diagnóstico poderoso para prever o desempenho das máquinas em diferentes condições. O parâmetro de vibração é escolhido como critério para estimar o desempenho das máquinas. A amplitude da vibração é considerada um fator decisivo na avaliação do estado da máquina. Todos os parâmetros são representados num gráfico para que a variação relativa possa ser lida facilmente. A partir deste gráfico, o nível de vibração que é anormal deve ser objeto de atenção imediata. A monitorização da vibração, que faz parte da monitorização do estado, foi realizada com êxito com uma abordagem prática no moinho de descarga de uma máquina Banbury. Neste caso, as falhas foram indemnizadas e a análise confirmou a falha real presente no equipamento. O nível de vibração baixou consideravelmente após a realização das actividades de manutenção recomendadas. A aplicação da monitorização das vibrações foi considerada eficaz na melhoria da qualidade do produto e na melhoria da fiabilidade da maquinaria.

Capítulo - 6

FIABILIDADE, DISPONIBILIDADE E FACILIDADE DE MANUTENÇÃO

6.1 Introdução

A fiabilidade é a probabilidade de um dispositivo desempenhar a sua missão (objetivo) de forma satisfatória (adequada) durante um determinado período de tempo, quando utilizado em determinadas condições de funcionamento. Esta definição coloca em evidência quatro factores importantes, nomeadamente

1. A fiabilidade de um dispositivo é expressa como uma probabilidade
2. O dispositivo deve ter um desempenho adequado
3. A duração do desempenho adequado é especificada
4. As condições ambientais ou de funcionamento são prescritas

Estes quatro factores são muito importantes para a determinação ou atribuição de um fator de fiabilidade. É igualmente importante notar que os quatro factores estão inter-relacionados.

1. Fiabilidade expressa em Probabilidade: A probabilidade é o rácio entre o número de vezes que se pode esperar que um acontecimento ocorra e o número total de ensaios realizados. O valor máximo desta fração é um e o valor mínimo é zero. Um valor de probabilidade de um significa uma certeza, ou seja, o acontecimento esperado ocorre em quase todos os casos. O acontecimento esperado é o desempenho adequado ou satisfatório de um dispositivo. Um fator de fiabilidade igual a um significa que o dispositivo tem um desempenho satisfatório durante o período prescrito, nas condições ambientais dadas. Do mesmo modo, um fator de fiabilidade zero significaria que, em quase todos os casos, o equipamento não cumpriria o nível de desempenho exigido. Com esta definição, não se pretende dizer que um fator de fiabilidade igual a um equivale a uma garantia de que cada unidade do dispositivo utilizado ou ensaiado terá um desempenho satisfatório.

2. Desempenho adequado: Este é o segundo elemento da definição de fiabilidade. Descreve, em termos inequívocos, o que se espera de um dispositivo ou sistema. No entanto, pode acontecer que um sistema apresente um desempenho satisfatório mesmo que um ou dois dos seus componentes não estejam a funcionar. Por conseguinte, deve ser estabelecido um critério definido para descrever ou especificar claramente o que se considera ser um desempenho satisfatório ou adequado.

3. Duração do desempenho adequado: Este é um dos elementos mais importantes da definição, uma vez que representa uma medida do período durante o qual o desempenho é satisfatório. A maior parte das unidades ou sistemas falham quando funcionam durante longos períodos. A deterioração dos materiais e das peças é natural e, consequentemente, o nível de desempenho da unidade também irá diminuir com o tempo. Por conseguinte, é necessário estipular um limite de tempo dentro do qual o desempenho de uma unidade deve ser avaliado como satisfatório ou insatisfatório.

4. Condições de funcionamento: As condições ambientais ou de funcionamento em que se espera que um dispositivo funcione adequadamente podem ser em termos de temperatura, humidade, choque, vibração, etc. Um aparelho de ar condicionado com um desempenho satisfatório em zonas temperadas pode não ter as mesmas caraterísticas de desempenho em condições climáticas quentes e áridas. Por conseguinte, é essencial estipular as condições em que as caraterísticas de desempenho de um equipamento ou dispositivo terão de ser avaliadas.

É um fator importante na manutenção do equipamento porque uma menor fiabilidade do equipamento significa uma maior necessidade de manutenção. No sentido mais discreto e prático: "Os artigos que não falham durante a utilização são fiáveis" e "Os artigos que falham durante a utilização não são fiáveis".

A função de engenharia de fiabilidade é responsável pela gestão do risco e pela gestão dos activos do ciclo de vida. É um recurso estratégico que tem um único ponto de responsabilidade para fornecer a estratégia comercial a longo prazo que garante a capacidade de produção, a qualidade do produto e o melhor custo do ciclo de vida. A sua missão é fornecer a liderança proactiva, a direção, a responsabilidade única e os conhecimentos técnicos necessários para alcançar e manter a fiabilidade, a capacidade de manutenção, a vida útil e o custo do ciclo de vida ideais para os activos de uma instalação, bem como para os seus processos

A engenharia de fiabilidade tem como principal objetivo a aplicação de competências técnicas e de engenho para a correção de problemas de equipamento que causam paragens de produção excessivas e trabalhos de manutenção. A posição é dedicada à função de manutenção e está focada na eliminação de falhas repetitivas.

- Assegurar a manutenção das novas instalações.
- Identificar e corrigir problemas crónicos e dispendiosos do equipamento, eliminar falhas repetitivas.
- Aconselhamento técnico à manutenção e aos parceiros.
- Conceber e controlar uma manutenção preventiva ou preditiva eficaz e economicamente justificada
- programas.
- Funcionamento e manutenção corretos do equipamento.
- Programa de lubrificação abrangente.
- Inspeção, ajustamentos, peças, substituições, revisões e afins, para equipamento selecionado.
- Análises de vibrações e outras análises preditivas.
- Proteção do ambiente.
- Manter e analisar os dados do equipamento e os registos históricos para prever as necessidades de manutenção.

A engenharia de fiabilidade é um dos elementos mais essenciais da excelência da fiabilidade e do desempenho ótimo das instalações. Esta é a função responsável por

- Orientar os esforços para garantir a fiabilidade e a capacidade de manutenção dos equipamentos, processos, serviços públicos, instalações, circuitos de controlo e sistemas de segurança ou proteção.
- Reduzir e melhorar os trabalhos de manutenção sempre que possível; assegurar o funcionamento eficiente e produtivo dos processos e equipamentos das instalações; proteger e prolongar a vida económica dos bens das instalações; tudo isto com um custo mínimo para as instalações.
- Ao desempenhar funções de pessoal, esta função liberta os supervisores de manutenção e os planeadores ou programadores das responsabilidades que são de

natureza técnica. A engenharia de fiabilidade é o principal utilizador das informações do historial do equipamento. Esta caraterística chave de qualquer sistema de ordem de trabalho de manutenção será ineficaz e subutilizada sem esta função e o retorno do sistema será significativamente reduzido

6.2 História da fiabilidade

A história da fiabilidade como disciplina remonta aos anos 30, quando os conceitos de probabilidade foram aplicados a problemas relacionados com a produção de energia eléctrica. Durante a Segunda Guerra Mundial, os alemães utilizaram conceitos básicos de fiabilidade para melhorar a fiabilidade dos seus mísseis V1 e V2. Em 1950, o Departamento de Defesa dos EUA criou um comité ad hoc sobre fiabilidade que, em 1952, foi transformado num grupo permanente e ficou conhecido por Advisory Group on the Reliability of Electronic Equipment (AGREE).

Em 1957, foi publicado um relatório preparado pela AGREE. Em 1954, realizou-se pela primeira vez nos Estados Unidos um Simpósio Nacional sobre Fiabilidade e Controlo de Qualidade. Em 1956, foi publicado o primeiro livro disponível no mercado, intitulado *Reliability Factors for Ground Electronic Equipment*. No ano seguinte, a Força Aérea dos EUA (USAF) publicou a primeira especificação de fiabilidade militar, intitulada *Reliability Assurance Program for Electronic Equipment*

Em 1962, o Instituto de Tecnologia da Força Aérea, em Dayton, Ohio, iniciou um programa de pós-graduação em engenharia da fiabilidade. Atualmente, existem muitas publicações sobre a disciplina da fiabilidade e, todos os anos, realizam-se muitas conferências em todo o mundo que lidam direta ou indiretamente com esta área. Além disso, muitas instituições académicas oferecem programas em engenharia de fiabilidade.

6.3 Causa principal dos problemas de fiabilidade do equipamento e conceito de taxa de perigo da banheira

O requisito básico para o desempenho da fábrica é a fiabilidade do equipamento, porque factores como a qualidade do produto, a rentabilidade e a capacidade de produção dependem apenas deste fator crucial. Ao longo dos anos, foram realizados vários estudos para determinar a causa principal da fraca fiabilidade do equipamento. Um estudo baseado em dados recolhidos ao longo de um período de 30 anos categorizou a causa principal dos problemas de fiabilidade do equipamento nos seis grupos seguintes:

1. Vendas e marketing: 28%
2. Planeamento da produção: 20%
3. Manutenção: 17%
4. Práticas de produção: 17%
5. Compras: 10%
6. Engenharia de instalações: 8%

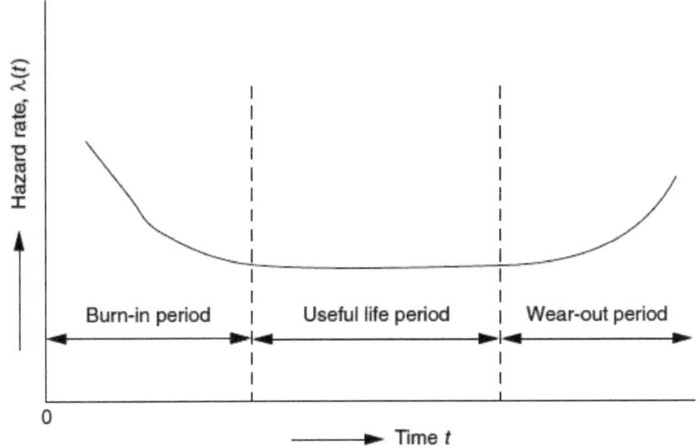

Figura 6.1 Curva da taxa de risco da banheira

Na análise de fiabilidade de sistemas de engenharia, assume-se frequentemente que a taxa de risco ou de falha dependente do tempo dos itens segue a forma de uma banheira, como se mostra na figura 6.1.

A curva apresentada na figura 6.1 tem três regiões distintas: período de burn-in, período de vida útil e período de desgaste. O período de burn-in é também conhecido como "período de mortalidade infantil", "período de break-in" ou "período de depuração". Durante este período de tempo, a taxa de risco diminui e as falhas ocorrem devido a causas como as apresentadas na tabela 6.1.

Tabela 6.1 Causas de falha durante o período de queima

Causa da falha
Controlo de qualidade deficiente
Materiais inadequados
Partes marginais
Procedimentos de utilização incorrectos
Especificações de ensaio deficientes
Peças sujeitas a tensão excessiva
Instalação ou configuração incorrecta
Processos de fabrico ou ferramentas deficientes
Teste final incompleto
Manuseamento ou embalagem incorrectos
Formação deficiente dos representantes técnicos
Picos de energia

No período de vida útil, a taxa de risco é constante e as falhas ocorrem de forma aleatória ou imprevisível. Algumas das causas de falhas nesta região incluem margens de conceção insuficientes, ambientes de utilização incorrectos, defeitos indetectáveis, erros e abusos humanos e falhas inevitáveis (ou seja, aquelas que não podem ser evitadas nem mesmo pelas práticas de manutenção preventiva mais eficazes). O período de desgaste começa quando o item ultrapassa o seu período de vida útil. Durante o período de desgaste, a taxa de risco aumenta.

Algumas causas para a ocorrência de falhas na região de desgaste são: desgaste devido ao envelhecimento, manutenção preventiva inadequada ou imprópria, componentes com vida útil limitada, desgaste devido a fricção, desalinhamentos, corrosão e fluência, e práticas de revisão incorrectas. As falhas no período de desgaste podem ser reduzidas significativamente através da execução de políticas e procedimentos eficazes de substituição e manutenção preventiva.

6.4 Análise da data de falha

Antes de compreender este conceito, é necessário compreender alguns conceitos básicos

Reparação: A reparação é definida como uma ação que repõe uma peça ou sistema avariado na sua condição de funcionamento. **Taxa de reparação (μ):** A taxa de reparação ou restauração é expressa em μ e é medida usando as seguintes fórmulas.

Taxa de reparação (μ) = Número total de avarias / Tempo total de inatividade

Tempo de funcionamento: O tempo durante o qual um sistema ou unidade reparável está a funcionar de acordo com as especificações do projeto. **Sistema reparável:** Um sistema reparável é um sistema que pode ser restaurado ou reparado para um desempenho satisfatório sem ser por substituição.

Sistema não reparável: Um sistema não reparável é um sistema que tem de ser substituído após uma única avaria

1. Dados de falha

Considere uma série de ensaios realizados sob certas condições estipuladas em 1000 componentes electrónicos. A duração total dos testes é de 19 horas. O número de componentes que falham durante cada intervalo de uma hora é anotado. Os resultados obtidos são tabelados como mostra a tabela 4.2. Esta tabela indica o número total de componentes avariados no final de 1 hora, 2 horas, 3 horas, -------. O intervalo de tempo é geralmente indicado porΔ t, o número de falhas durante o intervalo é representado por 'f' e as falhas acumuladas até ao fim do intervalo por 'F'.

Dado que o número de componentes avariados durante um determinado intervalo só é registado no final do intervalo ou no início do intervalo seguinte, os valores de "f" são introduzidos entre dois valores de "t", como se mostra na coluna (2) do quadro 4.2. A coluna (4) indica o número de sobreviventes no final de cada intervalo de tempo. O tempo é contado a partir do início do ensaio. Durante a primeira hora, 130 componentes falham, deixando 870 sobreviventes. Entre a primeira e a segunda hora, falham mais 83 componentes, deixando 787 sobreviventes. O teste do historial é apresentado no quadro desta forma. As falhas acumuladas ou o número total de componentes que falharam desde o início do ensaio até um determinado momento são apresentados na coluna (3). A partir da tabela, vemos que o número total de unidades que falharam é de 130 até ao final da primeira hora, 213 até ao final da segunda hora, 288 até ao final da terceira hora e assim por diante.

Com base nos dados de falha ou nos resultados dos ensaios de sobrevivência apresentados na tabela 6.2, podemos agora definir a densidade de falha, a raiva de falha, a fiabilidade e a probabilidade de falha.

Quadro 6.2

(1) Time t	(2) No. of failures f	(3) Cumulative failures F	(4) No. of survivors S	(5) Failure density f_d	(6) Failure rate Z	(7) Reliability R
0		0	1000			1
	130			0.130	0.139	
1		130	870			0.870
	83			0.083	0.101	
2		213	787			0.787
	75			0.075	0.100	
3		288	712			0.712
	68			0.068	0.100	
4		356	644			0.644
	62			0.062	0.101	
5		418	582			0.582
	56			0.056	0.101	
6		474	526			0.526
	51			0.051	0.101	
7		525	475			0.475
	46			0.046	0.101	
8		571	429			0.429
	41			0.041	0.100	
9		612	388			0.388
	37			0.037	0.100	
10		649	351			0.351
	34			0.034	0.101	
11		683	317			0.317
	31			0.031	0.103	
12		714	286			0.286
	28			0.028	0.103	
13		742	258			0.258
	64			0.064	0.283	
14		806	194			0.194
	76			0.076	0.486	
15		882	118			0.118
	62			0.062	0.714	
16		944	56			0.056
	40			0.040	1.110	
17		984	16			0.016
	12			0.012	1.200	
18		996	4			0.004
	4			0.004	2.000	
19		1000	0			0
				sum = 1.00	mean = 0.376	

2. Densidade de falhas $(f)_d$

É o rácio entre o número de falhas durante um determinado intervalo de tempo unitário e o número total de itens no início do teste. Para o exemplo que está a ser considerado, o número total de itens no início do teste era 1000. Este número é também conhecido como a população inicial total. Durante o primeiro intervalo de unidades, o número de componentes que falham é 130. Assim, a densidade de falhas f_d é 130/1000 = 0,130. Durante o segundo intervalo de unidades, falham mais 83 componentes. Assim, o valor da densidade de falhas durante o segundo intervalo de unidade é 83/1000 = 0,083. Da mesma forma, durante o décimo intervalo de unidades, a densidade de falhas tem um valor 37/1000 = 0,037. Os valores de f_d são apresentados na coluna (5) da tabela 6.2. Por vezes, a densidade de falhas também é designada por taxa de falhas da parte do rácio.

Seja n_1 o número de componentes que falham durante o primeiro intervalo de unidades, n_2 o número de componentes que falham durante o segundo intervalo de unidades, e assim por diante. Seja N a população total. Então,

A densidade de falhas durante o primeiro intervalo de unidades = f_{d1} = n /N_1

A densidade de falhas durante o segundo intervalo de unidades = f_{d1} = n /N_2

A densidade de falhas durante o i-ésimo intervalo de unidades = f_{di} = n /N_i

Seja 'l' o último intervalo após o qual não há sobreviventes. Então, f_{d1} = n_1 /N. Se adicionarmos f f $f_{d1, d2, d3,}$ ----------- f_{di} , obtemos

$f_{d1} + f_{d2} + f_{d3}$, + ---------+ f_{di} = n_1/N + n_2/N + n_3/N + --------- + n_i/N

($n_1 + n_2 + n_3$ + ----------- + n_i)/N

N/N = 1

Assim, a soma dos valores registados na coluna (5) será igual a um.

3. Taxa de insucesso (*Z*)

Este é o rácio entre o número de falhas durante um determinado intervalo de unidades e a população média durante esse intervalo. De acordo com a data indicada na tabela 6.2, a taxa de falhas Z durante o primeiro intervalo de unidades é

$$Z(1) = \frac{130}{(1000+870)/2} = \frac{130}{935} = 0.139$$

A população média durante qualquer intervalo é a média das populações no início e no fim do intervalo. Durante o intervalo da décima segunda unidade, a taxa de falha Z(12) é

$$Z(12) = \frac{31}{(317+286)/2} = \frac{31}{301.5} = 0.103$$

Por vezes, é adoptada a população no início do intervalo em vez da população média. Se este procedimento for seguido, a taxa de falha durante o primeiro intervalo de unidades será

$Z(1) = \frac{130}{1000} = 0.130$e que durante o décimo segundo intervalo de unidades será

$$Z(12) = \frac{31}{317} = 0.098$$

Na nossa discussão, seguiremos o procedimento anterior, utilizando a população média durante o intervalo de unidades. As taxas de insucesso são registadas na coluna (6) do quadro 6.2. A taxa de insucesso é também conhecida como taxa de perigo. Por vezes, é designada por taxa de falha instantânea.

4. Fiabilidade (*R*)

Este é o rácio entre os sobreviventes num determinado momento e a população inicial total. A fiabilidade no final da primeira hora será *R*(1) = 870/1000 = 0,870. No final da segunda hora, *R*(2) = 787/1000 = 0,787. Da mesma forma, no final da décima segunda hora, *R*(12) = 286/1000 = 0,286. Este cálculo da fiabilidade está em conformidade com a nossa definição inicial. Recorde-se que a fiabilidade é a probabilidade de um dispositivo funcionar satisfatoriamente durante um determinado período, nas condições de funcionamento estipuladas. Para a série de ensaios de comportamento funcional em questão, podemos modificar adequadamente esta definição na medida em que se exige que o dispositivo funcione satisfatoriamente pelo menos durante o período determinado. A probabilidade é a relação entre o número de sucessos e o número de ensaios. No caso presente, começámos com 1000 itens ou componentes. No final da primeira hora, o número de sobreviventes era de 870. Isto significa que foi observada uma operação bem sucedida em 870 casos em 1000. Assim, a fiabilidade (ou seja, a probabilidade de sucesso) para a primeira hora é de 0,870. No final da segunda hora, o número total de componentes que passaram no teste é 787. Assim, a fiabilidade para a segunda hora é de 0,787. Isto equivale a dizer que a probabilidade de o componente funcionar satisfatoriamente durante pelo menos duas horas é de 0,787. Do mesmo modo, o fator de fiabilidade para a décima segunda hora é de 0,286.

Estes factores de fiabilidade são indicados na coluna (7) do quadro 6.2. medida que o ensaio avança, há mais componentes que falham, o que faz com que o fator de fiabilidade diminua progressivamente. Uma vez que todos os componentes falham no final da décima nona hora, a fiabilidade correspondente será zero.

Os factores de fiabilidade assim obtidos podem também ser designados por probabilidades de sobrevivência para a primeira hora, segunda hora, terceira hora,- - - -.

5. Probabilidade de falha

O conceito de probabilidade de insucesso é semelhante ao de probabilidade de sobrevivência. É o rácio entre o número de unidades que falharam (num determinado período de tempo) e a população total. Por exemplo, a probabilidade de falha durante a primeira hora seria 130/1000 = 0,130, uma vez que 130 unidades falham durante a primeira hora numa população total de 1000. Da mesma forma, a probabilidade de falha t=0 e t=2 (ou seja, a probabilidade de um componente falhar dentro de duas horas) é 213/1000 = 0,213, uma vez que 213 componentes falham durante as primeiras duas horas. A probabilidade de falha entre t=0 e t=5 é (130+83+75+68+62)/1000 = 418/1000 = 0,418.

Vimos que a probabilidade de sobrevivência é outro termo para o fator de fiabilidade. Da mesma forma, podemos utilizar o termo fator de não fiabilidade para a probabilidade de falha. A soma dos factores de fiabilidade e de falta de fiabilidade será obviamente igual a um. A sobrevivência e a falha são, portanto, eventos complementares. Se o fator de fiabilidade entre t=0 e $t=t_1$ for $R(t_1)$, o fator de falta de fiabilidade para o mesmo período será $1 - R(t_1)$.

6. Taxa média de insucesso (*h*)

Os dados do quadro 4.2 mostram que a taxa de insucesso *Z* varia com o tempo. Na primeira hora, a taxa de falha é de 0,139, na segunda hora é de 0,101, e assim por diante. Também é possível calcular a taxa média de insucesso para todo o ciclo de ensaio. Esta é a taxa de falha global. Começámos com 1000 componentes e foram necessárias 19 horas para que todos eles falhassem. Assim, a taxa global de falhas por componente = (1/19) X (1000/1000) - 1/19. Trata-se, evidentemente, de um parâmetro muito aproximado. Como a tabela 6.2 dá a taxa de falha para cada hora, podemos obter uma estimativa muito melhor tomando a média desses valores. Se Z_1 for a taxa de falha para a primeira hora, Z_2 a taxa de falha para a segunda hora e Z_T a taxa de falha para a *T-ésima* hora, a taxa de falha média para *T* horas será

$$H = (Z_1 + Z_2 + \text{------} + Z_T) / T$$

Se o intervalo for muito inferior a uma hora, obtém-se um valor mais exato da taxa média de falhas.

7. Tempo médio até à falha (MTTF)

Considere o seguinte exemplo envolvendo o teste de vida de um novo dispositivo.

Exemplo: No ensaio de vida de dez espécimes de um mini-fabricante, o tempo até à rotura de cada espécime é registado como indicado na tabela 6.3. Calcule a taxa média de rotura *h* para *T* = 900 horas e o tempo médio até à rotura para todos os dez provetes.

Quadro 6.3

Número do espécime	Tempo até à falha Horas	Número do espécime	Tempo até à falha Horas
1	805	6	832
2	810	7	842
3	815	8	856
4	820	9	875
5	825	10	900

Neste exemplo, como o número de amostras ensaiadas é pequeno, é possível registar o tempo até à falha de cada amostra. Quando o número de amostras é grande, regista-se o número de amostras que falharam em cada intervalo de tempo, como se mostra na tabela 6.2. A taxa média de falha é obtida a partir da fórmula

$$h(T) = \frac{1}{T}\ \frac{N(0)-N(T)}{N(0)}$$

em que $h(T)$ é a taxa de falha principal para *T* horas, $N(0)$ é a população total em $T = 0$ e $N(T)$ é a população restante no tempo *T*. Por outras palavras, $N(0)$ - $N(T)$ é o número de espécimes que falharam em *T* horas. No caso presente, temos

$$h(900) = (1/900)\ [(10-0)/10] = 1/900$$

Como indicado pelos dados, os dez espécimes não falham todos ao mesmo tempo. Têm tempos de rotura diferentes. Assim, podemos calcular o tempo médio até à rotura para todos os dez espécimes como

$$\text{MTTF} = \frac{1}{10}\ (805 + 810 + 815 + 820 + - - - + 900)$$

$$= 8380/10 = 838 \text{ horas.}$$

Em geral, se t_1 é o tempo até à rotura do primeiro provete, t_2 é o tempo até à rotura do segundo provete e t_N é o tempo até à rotura do *N-ésimo* provete, o tempo médio até à rotura para *N* provetes será

$$\text{MTTF} = (t\ t_{1+2} + - - - + t_N)/N$$

$$\text{MTTF} = \frac{1}{N}\ \sum_{i=1}^{N} t_i$$

Tal como referido anteriormente, é difícil registar o tempo até à rotura de cada componente quando o número de espécimes ensaiados é muito grande. Em vez disso, podemos registar o número que falha durante intervalos de tempo específicos. Por exemplo, o intervalo de tempo para os dados apresentados na tabela 6.2 foi escolhido como uma hora, e o número de espécimes que falharam durante cada hora foi registado. Assumimos que todos os espécimes que falharam durante um determinado intervalo de tempo levaram o mesmo tempo total até à falha. Por exemplo, na tabela 6.2, vemos que 37 espécimes falharam durante a décima hora. Embora estes 37 espécimes possam ter falhado em momentos diferentes durante esse intervalo de tempo, assumimos que, em média, todos eles levaram dez horas a falhar. Se n_1 for o número de espécimes que falharam durante a primeira hora, n_2 o número de espécimes que falharam na segunda hora e n_k o número de espécimes que falharam durante a k-ésima hora, então o tempo médio de falha para N espécimes será

$$MTTF = (n + 2n_{1\ 2} + 3n_3 + \text{------} + kn_k) / N$$

Se o intervalo de tempo forΔ t em vez de uma hora, o tempo médio até à falha passa a ser

$$MTTF = (n\ t + 2n_1\Delta\ _2\Delta\ +\ t3n\ t_3\Delta\ + \text{-----} + kn\ t_k\Delta\ + \text{----}\ ln_l\Delta\ t) / N$$

$$= \frac{1}{N}\sum_{k=1}^{l} kn_k \Delta t$$

Onde n_1 é o número de espécimes que falharam durante o primeiro intervalo, n_2 é o número de espécimes que falharam durante o segundo intervalo e assim por diante.

Exemplo 1: No número de espécimes de 100 espécimes de um determinado dispositivo, o número de falhas durante cada intervalo de tempo de vinte horas é apresentado na tabela 6.4. Estimar o MTTF para estes espécimes.

Quadro 6.4

Intervalo de tempo Horas	Número de falhas durante o intervalo
$T \leq 1000$	0
$1000 < T \leq 1020$	25
$1020 < T \leq 1040$	40
$1040 < T \leq 1060$	20
$1060 < T \leq 1080$	10
$1080 < T \leq 1100$	5

Como o número de espécimes ensaiados é grande, é fastidioso registar o tempo até à rotura de cada espécime. Em vez disso, registamos o número de espécimes que falham durante cada intervalo de 20 horas. Assim, o tempo médio até à rotura é dado pela equação.

$$MTTF = (n_1 + 2n_2 + 3n_3 + \text{-----} + kn_k) / N$$

$$MTTF = [25(1020) + 40(1040) + 20(1060) + 10(1080) + 5(1100) / 100$$

$$= 104{,}600 / 100 = 1046 \text{ hours.}$$

8. Tempo médio entre falhas (MTBF)

Em muitas situações, uma unidade ou sistema pode ser reparado imediatamente após uma avaria. Nesses casos, o tempo médio entre avarias refere-se ao tempo médio desde a avaria até ao momento em que o dispositivo não pode ser reparado. O tempo médio entre falhas (MTBF) mede o tempo médio que o equipamento está a funcionar entre avarias ou paragens. Medido em horas, o MTBF ajuda as empresas a compreender a disponibilidade do seu equipamento (e se têm um problema de fiabilidade).

O MTBF é uma métrica de manutenção que indica a duração do funcionamento do equipamento sem perturbações. Isto está intuitivamente relacionado com a disponibilidade do equipamento. A disponibilidade, também conhecida como tempo de atividade, é um dos principais indicadores da eficácia global do equipamento e é sempre uma área de foco para melhorar a produtividade. O tempo de atividade total de um equipamento pode ser expresso em termos do MTBF juntamente com outra métrica, o MTTR (tempo médio de reparação).

É importante notar que o MTBF é aplicável apenas a itens reparáveis. Os processos de fabrico podem utilizá-lo para planear contingências que exijam a reparação de equipamento-chave. O conhecimento destes dados fornece informações para a tomada de decisões corretas para a fábrica.

Como é que se calcula o MTBF?

O MTBF é calculado tomando o tempo total de funcionamento de um equipamento (ou seja, o tempo de atividade) e dividindo-o pelo número de avarias ocorridas durante o mesmo período.

MTBF = Tempo total de atividade / número de avarias

$$MTBF = \frac{\text{total operational time}}{\text{total number of failures}}$$

Exemplo de tempo médio entre falhas (MTBF)

Tomemos como exemplo um misturador mecânico concebido para funcionar durante 10 horas por dia. Suponhamos que o misturador se avaria depois de funcionar normalmente durante 5 dias. O MTBF para este caso é de 50 horas, como se calcula a seguir.

MTBF = (10 horas por dia * 5 dias) / 1 avaria = 50 horas

O cálculo do MTBF exigirá mais passos quando se contabilizarem períodos de tempo mais longos com maior ocorrência de avarias.

Digamos que a mesma misturadora mecânica, a funcionar 10 horas por dia, avaria duas vezes num período de 10 dias. A primeira avaria ocorreu 25 horas após a hora de arranque e demorou 3 horas a reparar. A segunda avaria ocorreu 50 horas após a hora de início e demorou 4 horas a ser reparada antes de a misturadora estar a funcionar normalmente.

A sucessão de acontecimentos é ilustrada pela cronologia que se segue:

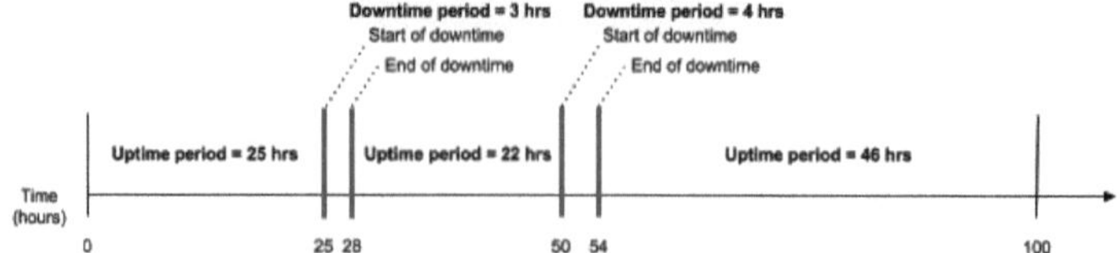

Com base na linha de tempo, podemos mais facilmente contabilizar o tempo total de funcionamento da máquina. Para o exemplo dado, o período total de tempo de atividade é a soma de 25, 22 e 46 horas.

Tendo em conta o tempo total de atividade e o número de avarias (ou o número de falhas), o cálculo é efectuado introduzindo os valores na fórmula MTBF da seguinte forma

MTBF = (25 horas + 22 horas + 46 horas) / 2 avarias = 93 horas / 2 avarias = 46,5 horas.

9. Tempo médio de reparação (MTTR)

As falhas tecnológicas são inevitáveis mas muito dispendiosas. Uma elevada capacidade de manutenção actua como um plano de reserva quando ocorre uma avaria. Uma das principais métricas para monitorizar o tempo necessário para reparar e resolver problemas é o tempo médio de reparação (MTTR).

O MTTR refere-se à quantidade de tempo necessária para reparar um sistema e restaurar a sua funcionalidade total. O relógio MTTR começa a contar quando as reparações começam e continua até que as operações sejam restabelecidas. Inclui:

- Tempo para resolver e diagnosticar o problema
- Tempo de reparação
- Período de ensaio
- Tempo para montar e pôr em funcionamento o ativo

O tempo médio de reparação (MTTR) é o período de tempo entre o início do incidente e o momento em que o sistema regressa ao seu funcionamento normal para um sistema reparável. Para um sistema não reparável, utilizamos métricas diferentes, como o tempo médio até à falha (MTTF).

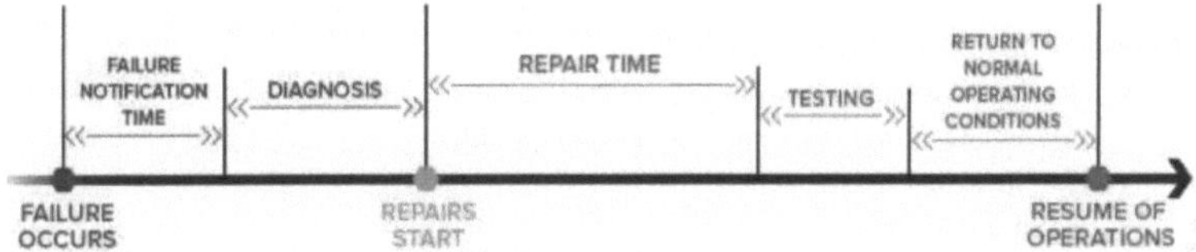

Figura # 1: Conceito de MTTR

O MTTR é o tempo médio total para repor um ativo na sua condição normal de funcionamento após ter sofrido uma falha ou avaria.

O MTTR é o recíproco da taxa de reparação, ou seja, M.T.T.R. = (1/Taxa de reparação) = 1/ μ

O MTTR é expresso através da seguinte fórmula

$$\text{Mean Time To Repair (MTTR)} = \frac{\text{Total Downtime}}{\text{Total Number of Breakdowns}}$$

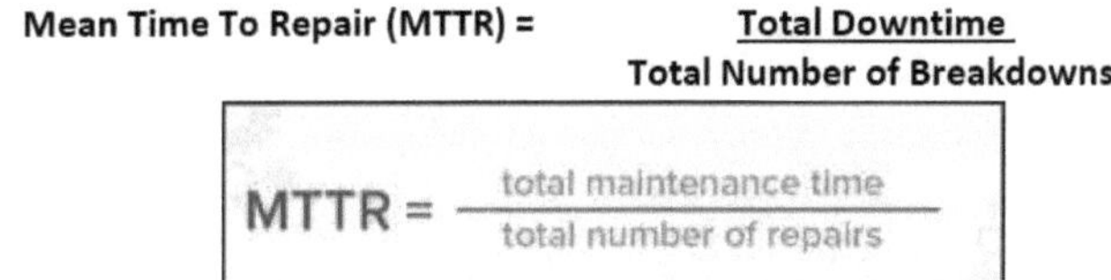

Imagine uma bomba que falha três vezes durante um dia de trabalho. A primeira reparação durou 30 minutos, enquanto as outras duas reparações duraram apenas 15 minutos. Neste caso:

MTTR = (30 + 15 +15) / 3
MTTR = 60 / 3
MTTR = 20
O tempo médio para efetuar reparações nessa bomba é de **20 minutos**.

O MTTR não considera as actividades de paragem planeadas (como pausas, limpeza, inspeção e lubrificação, etc.). O MTTR representa a rapidez com que uma organização pode responder a avarias não planeadas e repará-las. Destaca os tempos mais longos do que o normal, especialmente para os equipamentos importantes e de maior procura. Desta forma, melhora a eficiência e limita o tempo de inatividade não planeado.

10. Tempo médio de inatividade (MDT)

O tempo de inatividade do equipamento é o período de tempo em que um ativo não está em funcionamento e resulta numa pausa na produção. Para muitos fabricantes e equipas de manutenção, o tempo de inatividade do equipamento é o principal fator que contribui para a diminuição da produção.

a) Tempo de inatividade programado: O tempo de inatividade programado é o tempo de inatividade que aparece num calendário de manutenção semanal e inclui o tempo gasto desde o encerramento inicial até à realização de trabalhos de manutenção num ativo. Termina quando o ativo está novamente disponível e em funcionamento. A frequência e a criticidade do tempo de inatividade programado é normalmente o resultado da filosofia de manutenção de uma organização.

Exemplos de inatividade programada

- Reparações programadas
- Manutenção preventiva ou manutenção preditiva
- Reviravoltas
- Configurações

b) Tempo de inatividade não programado: O tempo de inatividade não programado é o tempo em que um ativo está inativo inesperadamente e não pode desempenhar a função pretendida. Tem um impacto direto nas receitas, uma vez que inclui mais do que um atraso na produção. Um estudo da Efficient Plant concluiu que o tempo de inatividade nas indústrias transformadoras e de processos pesados "pode afetar 1-3% das receitas e potencialmente 30-40% dos lucros anuais".

Inclui o tempo de atraso gasto em reparações e modificações que não constam de um plano de manutenção, incluindo a encomenda de peças quando não estão disponíveis. De facto, cerca de metade de todo o tempo de inatividade não programado pode ser atribuído à falta de peças sobresselentes adequadas.

Exemplos de incidentes de inatividade não programada

- Reparações inesperadas da máquina (por exemplo, rutura de uma correia, quebra de um componente)
- Falha de máquinas/instalações
- Questões operacionais
- Falhas de processo
- Trabalhos de emergência

Na gestão organizacional, o tempo médio de inatividade é o tempo médio em que um sistema não está operacional. Inclui todo o tempo de inatividade associado à reparação, à manutenção corretiva e preventiva, ao tempo de inatividade autoimposto e a quaisquer atrasos logísticos ou administrativos. A diferença entre o MDT e o MTTR (tempo médio de reparação) é que o MDT inclui todos e quaisquer atrasos envolvidos; o MTTR analisa apenas o tempo de reparação.

O tempo médio de inatividade é a quantidade média de tempo que um ativo tem de estar inativo para efetuar manutenção e reparações. Começa a partir da falha inicial e engloba o tempo gasto no diagnóstico, bloqueio/etiquetagem, espera por peças de substituição e reparação do ativo. Termina quando o ativo está novamente online e a completar a função pretendida.

A fórmula da MDT é

MDT = Tempo total de inatividade / Número de eventos de inatividade

Tempo de inatividade total = a quantidade de tempo que um ativo não é capaz de funcionar e é igual à soma do tempo de inatividade programado e do tempo de inatividade não programado.

Eventos de inatividade = um evento em que um ativo está inativo e não pode desempenhar a função pretendida.

Nota: O tempo médio de inatividade é medido em horas ou percentagens.

6.5 Fiabilidade do sistema

Até agora, discutimos a fiabilidade e a probabilidade de falha em relação aos componentes ou elementos de um sistema. Para determinar o fator de fiabilidade ou a probabilidade de falha de um sistema, é muito difícil analisar o sistema na sua totalidade. Na prática, o sistema é dividido em subsistemas e elementos cujos factores de fiabilidade individuais podem ser estimados ou determinados. Dependendo da forma como estes sub-sistemas e elementos estão ligados para constituir o sistema dado, as regras combinatórias de probabilidade são aplicadas para obter a fiabilidade do sistema. Neste ponto, serão abordados os métodos de determinação da fiabilidade do sistema a partir dos factores de fiabilidade dos sub-sistemas e dos elementos. Os passos básicos são os seguintes

a) Em primeiro lugar, identificam-se os elementos e o subsistema que constituem o sistema em causa e cujos factores de fiabilidade individuais podem ser estimados. Estes serão designados por unidades que compõem o sistema.
b) Em seguida, a forma lógica ou a configuração em que estas unidades estão ligadas para formar o sistema é representada por um diagrama de blocos ou um diagrama de circuitos.
c) A condição para o bom funcionamento do sistema é então determinada, ou seja, pode ser decidido como as unidades devem funcionar. Por exemplo, todas as unidades devem estar a funcionar, ou será suficiente que uma unidade funcione?
d) Finalmente, as regras combinatórias da teoria das probabilidades (ou seja, a regra da adição, a regra da multiplicação e as suas combinações) são aplicadas para obter o fator de fiabilidade do sistema.

1. Configuração da série

A combinação mais simples de unidades que formam um sistema é uma combinação em série. Esta é também uma das estruturas mais utilizadas e está representada na figura 6.2.

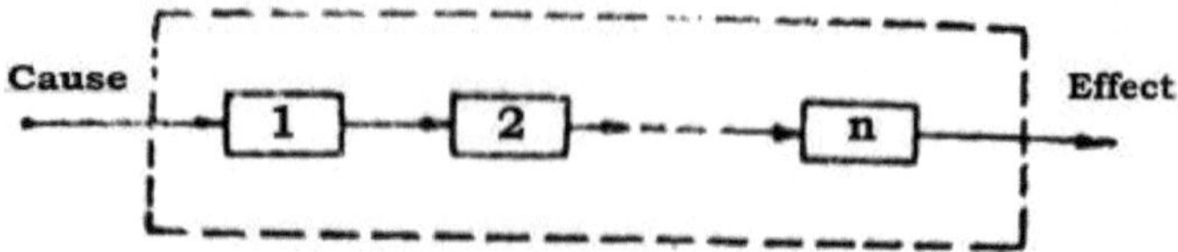

Figura 6.2

Neste caso, o sistema é constituído por *n* unidades que estão ligadas em série, como se mostra. Seja o funcionamento bem sucedido destas unidades individuais representado por X_1 , X_2 , - - - - , X_n , e as respectivas probabilidades sejam $P(X_1)$, $P(X_2)$, - - - -, $P(X_n)$. Para que o sistema funcione com êxito, é necessário que todas as *n* unidades funcionem satisfatoriamente. Assim, a probabilidade de todas as unidades funcionarem simultaneamente com êxito é $P(X_1$ e X_2 e - - - - e $X_n)$. Assumimos que estas unidades não são independentes umas das outras, ou seja, o bom funcionamento da unidade 1 pode afetar o bom funcionamento de todas as outras unidades, e assim por diante. Esta situação pode ocorrer, por exemplo, quando o calor dissipado pela unidade 1, que pode ser uma resistência, afecta as caraterísticas de desempenho das unidades 2, 3, -----. De acordo com a regra da multiplicação, a fiabilidade do sistema é dada por

$$P(S) = P(X_1 \text{ e } X_2 \text{ e - - - - e } X)_n$$

$$= P(X_1) \text{ x } P(X_2 / X_1) \text{ x } P(X_3 / X_1 \text{ e } X_2) \text{ x - - x } P(X_n / X_1 \text{ e } X_2 \text{ e - - e } X)_{n\text{-}1}$$

Nesta expressão, $P(X_2 / X_1)$ representa a probabilidade de as operações da unidade 2 serem bem sucedidas, na condição de a unidade 1 ser bem sucedida. Do mesmo modo, $P(X_n / X_1$ e X_2 e - - e $X_{n-1})$ representa a probabilidade de a unidade *n* funcionar com êxito, na condição de todas as restantes unidades 1, 2, - - - - , n-1 estarem a funcionar com êxito.

Se a operação bem sucedida de cada unidade for independente da operação bem sucedida das restantes unidades, então os eventos $X X_{1,2,}$ - - - - - + X_n são independentes e a equação acima passa a ser

$$P(S) = P(X_1) \text{ x } P(X_2) \text{ x - - - x } P(X)_n$$

Exemplo 2: Um equipamento eletrónico é operado por quatro pilhas secas, cada uma com 1,5 volts. As pilhas estão ligadas em série. A probabilidade de cada pilha funcionar com sucesso nas condições de funcionamento dadas é de 0,90. Calcule a fiabilidade do sistema de energia.

As baterias estão ligadas em série e assume-se que o funcionamento bem sucedido de uma bateria não afecta o funcionamento das outras baterias. Por conseguinte, os eventos são independentes e

$$P(S) = 0{,}9 \text{ x } 0{,}9 \text{ x } 0{,}9 \text{ x } 0{,}9 \text{ x } 0{,}9 = 0{,}656$$

Exemplo 3: Num sistema de controlo hidráulico, os elos de ligação têm um fator de fiabilidade de 0,98 e a válvula que tem de funcionar dentro de um determinado limite de tempo tem um fator de fiabilidade de 0,92. O sensor de pressão que acciona a ligação tem um fator de fiabilidade de 0,90. Suponha-se que os três elementos, nomeadamente o atuador, a ligação e a válvula hidráulica, estão ligados em série com factores de fiabilidade independentes. Qual é a fiabilidade do sistema de controlo?

Uma vez que as unidades estão ligadas em série e têm caraterísticas de desempenho independentes, a fiabilidade do sistema é

$$P(S) = 0{,}98 \times 0{,}92 \times 0{,}90 = 0{,}811$$

2. Configuração paralela

Existem vários sistemas em que o bom funcionamento depende do funcionamento satisfatório de qualquer um dos seus n sub-sistemas ou elementos. Diz-se que estes estão ligados em paralelo. Também existe um sistema em que várias vias de sinalização efectuam a mesma operação e o desempenho satisfatório de qualquer uma dessas vias é suficiente para garantir o bom funcionamento do sistema. Diz-se também que os elementos de um tal sistema estão ligados em paralelo. A figura 6.3 apresenta um diagrama de blocos que representa uma configuração em paralelo.

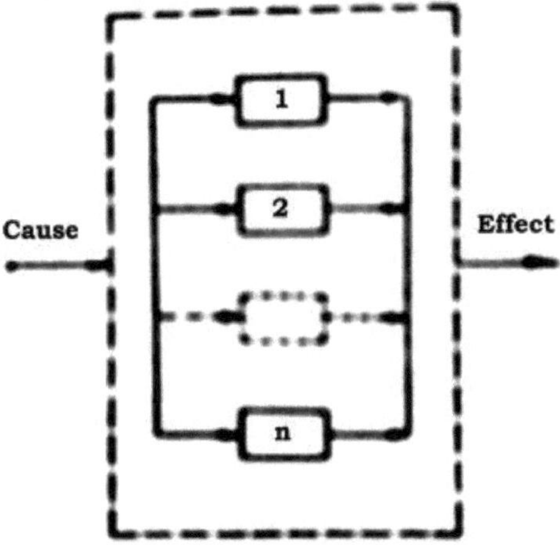

Figura 6.3

A fiabilidade do sistema pode ser calculada muito facilmente, considerando as condições de falha do sistema. Se X_1 , X_2 , - - - - -, X_n representa o funcionamento bem sucedido das unidades 1, 2, - - - - , n, respetivamente, representa o seu funcionamento mal sucedido, ou seja, a falha das n unidades. Se $P(X_1)$ é a probabilidade de êxito do funcionamento da unidade 1, então $P(\bar{X}_1)$ é a probabilidade de falha da unidade 1. Além disso, já vimos que $P(X_1) = 1 - P(X_1)$.

Para que o sistema falhe completamente, todas as n unidades têm de falhar simultaneamente. Se $P(S)$ for a probabilidade de falha do sistema, então

$$P(\bar{S}) = P(\bar{X}_1 \text{ e } \bar{X}_2 \text{ e - - - - e } \bar{X}_n)$$
$$= P(\bar{X}_1) \times P(\bar{X}_2/X_1) \times P(\bar{X}_3/\bar{X}_1 \text{ e } \bar{X}_2) \times \text{ - - } \times P(\bar{X}_n/\bar{X}_1 \text{ e } \bar{X}_2 \text{ e - - e } \bar{X}_{n-1})$$

Nesta expressão, $P(\bar{X}_3/\bar{X}_1 \text{ e } \bar{X}_2)$ representa a probabilidade de falha da unidade 3 sob a condição de que as unidades 1 e 2 tenham falhado. Os outros termos também podem ser interpretados da mesma forma. Se as falhas das unidades forem independentes umas das outras, então

$$P(\bar{S}) = P(\bar{X}_1) \times P(\bar{X}_2) \times \text{ - - - } \times P(\bar{X}n) = 1 - P(S)$$

Assim,

$$P(S) = 1 - [1 - P(X_1)] \times [1 - P(X2)] \times \text{ - - - } \times [1 - P(X)]_n$$

Se os *n* elementos são idênticos e se as falhas unitárias são independentes umas das outras, então

$$P(S) = 1 - P(\bar{S})$$
$$P(S) = 1 - [1 - P(X)]^n$$

Exemplo 4: Considere um sistema composto por três unidades idênticas ligadas em paralelo. O fator de fiabilidade das unidades é 0,90. Se as falhas das unidades são independentes umas das outras e se o bom funcionamento do sistema depende do desempenho satisfatório de qualquer uma das unidades, determine a fiabilidade do sistema.

Temos

$$P(S) = 1 - [1 - P(X)]^n$$
$$P(S) = 1 - [1 - 0,9)]^3 = 1 - 0,1^3 = 0,999$$

Isto revela o facto importante de que uma configuração em paralelo pode aumentar consideravelmente a fiabilidade do sistema. Com apenas três elementos ligados em paralelo, é possível tornar o sistema quase à prova de falhas.

Exemplo 5: Um sistema paralelo é composto por dez componentes independentes idênticos. Se a fiabilidade do sistema *P*(*S*) deve ser de 0,95, qual é o nível de fiabilidade do componente?

Uma vez que as componentes são independentes umas das outras, temos

$$P(S) = 1 - [1 - P(X)]^n$$
$$P(S) = 1 - [1 - P(X)]^{10} \quad 0,95 = 1 - [1 - P(X)]^{10}$$
$$[1 - P(X)]^{10} = 1 - 0,95 = 0,05$$
$$1 - P(X) = 0,7419 \qquad P(X) = 0,2581$$

Os componentes podem ter um fator de fiabilidade muito baixo de 0,2581 e ainda assim dar ao sistema um fator de fiabilidade tão elevado como 0,95.

A crescente complexidade dos equipamentos actuais trouxe à tona dois outros aspectos conhecidos como Manutenibilidade e Disponibilidade, ambos intimamente relacionados com a Fiabilidade. Da mesma forma que a palavra fiabilidade é comummente utilizada, a palavra manutenção também ocorre frequentemente na utilização quotidiana. As afirmações de que um determinado equipamento é fácil de manter indicam que as reparações podem ser efectuadas facilmente. No entanto, tal como no caso da fiabilidade, é necessária uma definição quantitativa de facilidade de manutenção para que possam ser prescritos requisitos de facilidade de manutenção e envidados esforços para os atingir. Da mesma forma, quando dizemos que um determinado equipamento está disponível, queremos dizer que o equipamento está a funcionar e está disponível para utilização. Por outro lado, pode não estar disponível devido a avarias ou outras anomalias. Quando se procede à reparação, a facilidade com que o equipamento volta a funcionar reflecte, em certa medida, o seu carácter de manutenção. Se a fiabilidade do sistema for elevada, é óbvio que as avarias serão menos frequentes e o fator de disponibilidade também será elevado. Por conseguinte, o fator de disponibilidade também será elevado. Do mesmo modo, se o sistema puder ser facilmente reparado (ou seja, se tiver um fator de facilidade de manutenção elevado), o fator de disponibilidade também será elevado. Assim, a disponibilidade está intimamente relacionada com a fiabilidade e a facilidade de manutenção.

6.6 Disponibilidade

Consideremos um sistema ou um equipamento para o qual pode surgir uma procura durante um determinado período de missão. Esta procura pode surgir em qualquer momento aleatório, como no caso de um sistema de mísseis antiaéreos. A procura também pode ser contínua durante todo o período da missão, como no caso de um sistema de radar terrestre ou de qualquer outra instalação de vigilância. Para o sistema em causa ou um subsistema independente do mesmo, pode ser traçado um perfil que descreva a sua disponibilidade durante o período da missão. A figura 6.4a mostra o número de mísseis disponíveis durante um período de missão para um sistema de mísseis hipotético. Assume-se que o sistema está totalmente disponível se o número de mísseis estiver disponível durante um período de missão para um sistema de mísseis hipotético. Assume-se que o sistema está totalmente disponível se o número de mísseis em qualquer altura não for inferior a quinze. A partir desta consideração, o sistema mostrado na figura 4.4a não está totalmente disponível continuamente durante todo o período da missão.

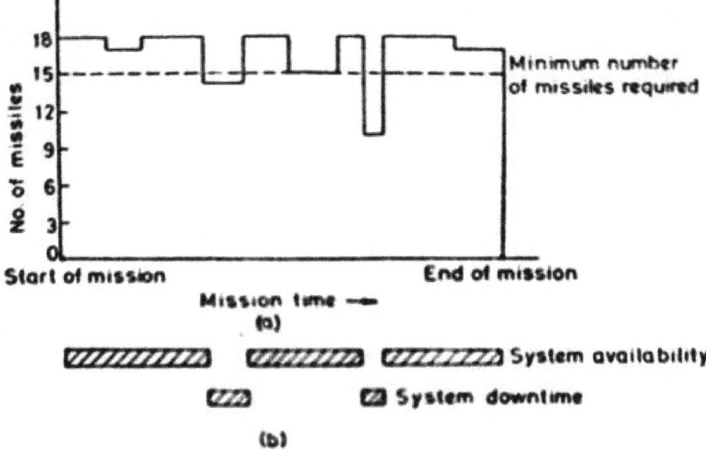

Figura 6.4

A figura 6.4b mostra os perfis de disponibilidade do sistema e de tempo de inatividade do sistema, sendo o primeiro derivado do segundo. O tempo de inatividade do sistema é o tempo total durante o qual um sistema está inativo para manutenção ativa. Obviamente, isso varia de um tipo de falha para outro. Além disso, quando um sistema complexo, como um míssil, é composto por vários sub-sistemas, diz-se que só está disponível quando todos os seus componentes funcionam corretamente. Quando um ou mais dos sub-sistemas não está operacionalmente disponível, diz-se que o sistema está inativo para reparação.

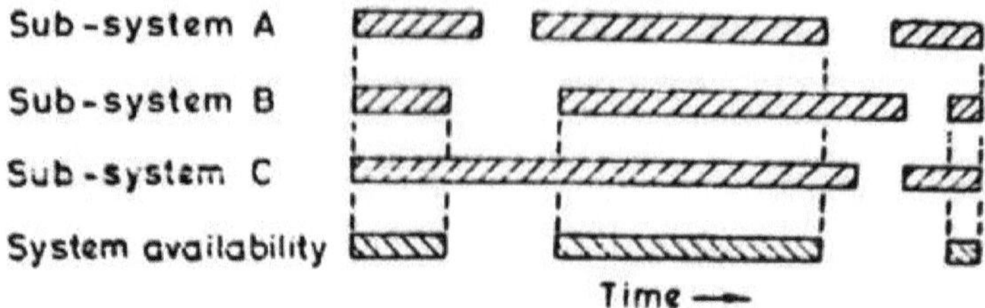

Figura 6.5

Este estado é apresentado graficamente na figura 6.5. Para simplificar, assumimos que o sistema é composto por três sub-sistemas A, B e C, e que cada um deles se encontra num de dois estados possíveis: aceitável (operacionalmente) ou inaceitável. O tempo de inatividade de cada sub-sistema varia estatisticamente. A figura mostra os perfis de disponibilidade para A, B e C. Uma vez que o sistema só está disponível quando os três sub-sistemas estão operacionalmente aceitáveis, o perfil de disponibilidade do sistema é o mostrado na figura 6.5. Juntamente com o tempo de inatividade de A, B e C, a disponibilidade do sistema será também uma quantidade estatisticamente distribuída. Por conseguinte, o fator de disponibilidade do sistema, tal como a fiabilidade e a capacidade de manutenção, deve também estar estreitamente associado à probabilidade.

Tempo de inatividade do sistema

Antes de abordarmos a descrição quantitativa da disponibilidade, será útil recordar a discussão sobre o tempo médio entre falhas (MTBF). Quando um sistema está frequentemente indisponível devido a avarias e é reposto em funcionamento após cada avaria com reparações adequadas, o tempo médio entre avarias foi definido como o tempo médio entre falhas. Se considerarmos apenas o tempo de reparação ativa, ou seja, o tempo gasto na reparação efectiva, o tempo médio de reparação (MTTR) é o tempo médio estatístico para a reparação ativa. É o tempo total de reparação ativa durante um determinado período dividido pelo número de avarias durante o mesmo intervalo. Frequentemente, um sistema pode ficar indisponível devido a inspecções periódicas e não por causa de avarias. Através da inspeção sistemática ou da manutenção preventiva para deteção de defeitos e prevenção de avarias, o sistema é mantido em condições de funcionamento satisfatórias. O tempo despendido para o efeito é designado por tempo de inatividade da manutenção preventiva. Há que distinguir entre o tempo médio entre manutenções (MTBM) e o MTBF. Se o tempo de paragem para manutenção preventiva for zero ou não for considerado, o MTBM é igual ao MTBF.

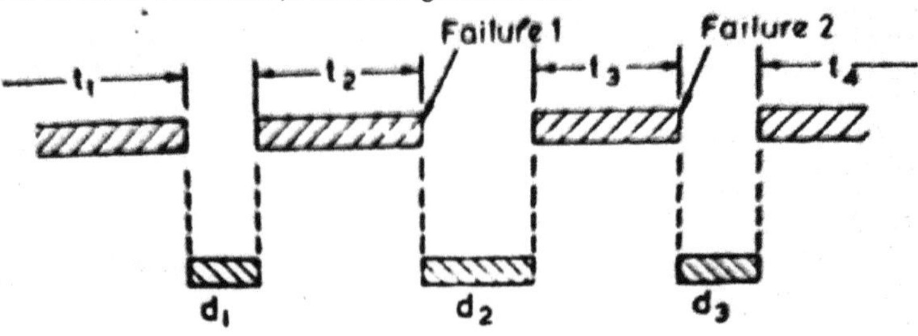

Figura 6.6

A Figura 6.6 mostra os perfis de disponibilidade e tempo de inatividade para um sistema hipotético. Os períodos de disponibilidade são indicados por t_1 , t $t_{1,3,}$ - - - - e os períodos de inatividade d_1 , d $d_{2,3,}$ - - - - - . Nestes perfis, d_1 é o tempo de inatividade para manutenção preventiva que ocorre periodicamente no sistema e t_3 é o tempo durante o qual o sistema está disponível para funcionamento entre a falha 1 e a falha 2. A média estatística desses t_2 períodos dará o MTBF. Se também tivermos em conta a manutenção preventiva, a média de t_1 , t $t_{1,3}$ - - - - - - - - dá o MTBM. Além disso, os períodos de inatividade d_2 ou $d_{,3}$ consistirão em:

1. Tempo de fornecimento, ou a parte do tempo de manutenção não ativa durante a qual a manutenção é adiada apenas porque um artigo necessário não está prontamente disponível.
2. Tempo administrativo, ou a parte do tempo de manutenção não ativa que não está incluída no tempo de fornecimento.
3. Tempo de Reparação Ativa, o tempo durante o qual um ou mais técnicos estão a trabalhar no artigo para efetuar uma reparação. A média estatística dos tempos de paragem d_1, d $d_{2,3,}$ - - - , incluindo o tempo de paragem de fornecimento e o tempo de paragem administrativa, é designada por tempo médio de paragem (TMD). Com esta classificação dos vários elementos de tempo, estamos agora em condições de definir quantitativamente a disponibilidade.

Tipos de disponibilidade

É possível definir três tipos de disponibilidade em função dos elementos temporais que tomamos em consideração. Existem

1. Disponibilidade inerente
2. Disponibilidade alcançada
3. Disponibilidade operacional

1. Disponibilidade inerente: É a probabilidade de um sistema ou equipamento funcionar satisfatoriamente quando utilizado nas condições indicadas num ambiente de apoio ideal, sem considerar qualquer manutenção programada ou preventiva num dado momento. Exclui o tempo de prontidão (ou seja, o período durante uma missão em que o item está disponível para operação, mas não é necessário para operar), o tempo de inatividade de manutenção preventiva, o tempo de inatividade de fornecimento e o tempo de inatividade administrativa. A disponibilidade inerente pode ser expressa como

$$A_i = \frac{MTBF}{MTBF+MTTR}$$

Por ambiente de apoio ideal, entende-se a disponibilidade imediata de ferramentas, peças, mão de obra, manuais, etc. Assim, A_i é a caraterística inerente ao equipamento, *uma* vez que ignora o tempo de inatividade devido a outras fontes e o que não é diretamente causado pelo equipamento. Note-se que a disponibilidade é uma probabilidade e o seu valor situar-se-á, portanto, entre zero e um.

2. Disponibilidade alcançada: Observámos anteriormente que o sistema pode ficar indisponível devido a uma avaria ou mau funcionamento ou devido a manutenção preventiva periódica. Na definição de disponibilidade inerente. Considerámos o MTBF, que não tem em conta o tempo de inatividade causado pela manutenção preventiva. Se este também for tido em conta, obtém-se a fiabilidade alcançada, que é definida como a probabilidade de um sistema ou equipamento funcionar satisfatoriamente quando utilizado nas condições indicadas, num ambiente de apoio ideal, num dado momento. Pode ser expressa como

$$A_a = \frac{MTBM}{MTBM + M\prime}$$

Em que M' é o tempo de inatividade médio da manutenção ativa resultante da manutenção preventiva e da manutenção corretiva. Tal como referido anteriormente, o MTBM transforma-se em MTBF se o tempo de inatividade da manutenção preventiva for ignorado. Além disso, é de notar que estamos a considerar os tempos diretos de manutenção preventiva e corretiva. Uma vez que o tempo de inatividade administrativa e o tempo de inatividade de fornecimento, que não são diretamente causados pelo equipamento, são ignorados. A_a é o fator de disponibilidade que pode ser alcançado. Por outras palavras, quando o tempo de inatividade indireto tende para zero, o fator de disponibilidade alcançado é A .a

3. Disponibilidade operacional: Em qualquer operação real, não podemos reduzir a zero o tempo de inatividade administrativa e o tempo de inatividade de fornecimento. Uma certa quantidade de atraso será sempre causada por elementos temporais como estes e, se forem tidos em conta, obtém-se a disponibilidade operacional do sistema. Esta é definida como a probabilidade de um sistema ou equipamento funcionar satisfatoriamente quando utilizado nas condições indicadas e num ambiente de fornecimento real num determinado momento. Pode ser expressa como

$$A_o = \frac{MTBM}{MTBM + MDT}$$

Note-se que mencionámos o ambiente de fornecimento real nesta definição e que, por conseguinte, A_o é o fator de disponibilidade alcançado em funcionamento.

Os três factores de disponibilidade definidos nesta secção são probabilidades, tal como a capacidade de manutenção e a fiabilidade. Em geral, a disponibilidade de um sistema é uma função complexa da fiabilidade, da capacidade de manutenção e da eficácia do fornecimento. Esta pode ser expressa como

$$A_s = f(R_s, M_s, S)_s$$

Em que, A_s = Disponibilidade do sistema, R_s = Fiabilidade do sistema, M_s = Manutenibilidade do sistema, S_s = Eficácia do fornecimento)

6.7 Manutenção

A capacidade de manutenção, tal como a fiabilidade, tem os seus próprios elementos únicos e diversificados. É uma caraterística da conceção e instalação de um sistema complexo. O tempo necessário para reparar um sistema depende da forma como este foi concebido. Além disso, as caraterísticas da conceção e da instalação ditarão também as políticas de manutenção. Por outro lado, é igualmente possível definir antecipadamente algumas das políticas de manutenção e tomar decisões de conceção em conformidade. As decisões de conceção e as políticas de manutenção controlam, por sua vez, as necessidades dos técnicos. O processo de conceção envolve decisões relativas à dimensão dos módulos, procedimentos de ensaio, redundâncias incorporadas, grau de automatização, inspeção, intervalos, equipamento de ensaio especial, requisitos de segurança, etc. A política de manutenção abrangerá questões relativas a reparações gerais, políticas de reparação ou eliminação, políticas de registo de emergências. O controlo do inventário, o aprovisionamento de peças sobressalentes, etc. Os requisitos técnicos envolvem educação, experiência, formação, análise de capacidades, etc.

Os vários elementos que afectam a facilidade de manutenção são bastante complexos e existem muitas soluções de compromisso entre eles. Cada elemento tem as suas próprias caraterísticas probabilísticas, pelo que a facilidade de manutenção também se torna uma probabilidade. Ao contrário da fiabilidade, os problemas que envolvem a facilidade de manutenção dizem respeito a muitas variáveis inter-relacionadas que não são tangíveis nem quantificáveis. Os factores humanos e a engenharia humana são cruciais na conceção de um sistema eficaz e económico para a manutenção necessária. Vamos agora definir a capacidade de manutenção.

"A capacidade de manutenção é a probabilidade de uma unidade ou sistema ser reposto nas condições especificadas dentro de um determinado período, quando a ação de manutenção é realizada de acordo com os procedimentos e recursos prescritos. É uma caraterística da conceção e instalação da unidade ou sistema." Uma vez que a capacidade de manutenção também é uma probabilidade, tal como a fiabilidade, o seu valor situa-se entre zero e um. As condições especificadas para as quais a unidade deve ser restaurada referem-se geralmente às suas caraterísticas de desempenho após a reparação. Estas caraterísticas de desempenho são especificadas antecipadamente e são indicativas do desempenho satisfatório da unidade. O tempo necessário para que o artigo seja reposto nas condições especificadas é um fator importante. No entanto, o elemento tempo deve ter em conta os procedimentos a adotar para repor a unidade nas condições especificadas. Além disso, os recursos prescritos também devem ser fornecidos, incluindo as ferramentas necessárias e as peças de substituição, tais como parafusos, porcas, unidades de instrumentos, módulos e componentes electrónicos. É a combinação da fiabilidade e da facilidade de manutenção que resulta na disponibilidade de uma unidade ou de um sistema.

6.8 Compromisso de fiabilidade e facilidade de manutenção

A expressão $A_s = f(R_s, M_s, S_s)$ pode ser vista como uma relação input-output, em que a fiabilidade, a capacidade de manutenção e a eficácia do fornecimento são os inputs e a disponibilidade é o output. Se considerarmos apenas a fiabilidade e a capacidade de manutenção, a dependência da disponibilidade em relação a estas duas funções pode ser demonstrada através de um modelo geométrico.

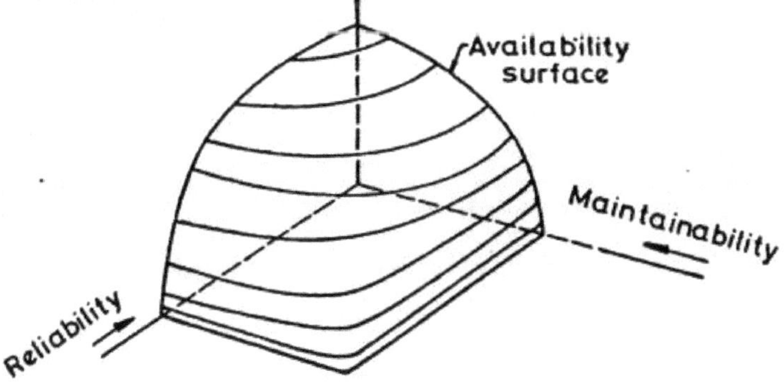

Figura 6.7

A Figura 6.7 mostra a superfície de resposta da disponibilidade com a fiabilidade e a capacidade de manutenção como entradas. Em geral, a superfície de disponibilidade operacional é uma superfície convexa. Inicialmente, a disponibilidade operacional melhora rapidamente com o aumento da fiabilidade e da capacidade de manutenção. medida que estes dois factores de produção são gradualmente aumentados, a taxa de aumento da disponibilidade operacional torna-se mais lenta. Por outras palavras, prevalece a lei dos rendimentos decrescentes. Se a superfície de disponibilidade for cortada por um plano horizontal, obtém-se um contorno de disponibilidade constante, que mostra que a fiabilidade e a facilidade de manutenção podem ser combinadas em diferentes proporções para produzir o mesmo fator de disponibilidade. Esses contornos são chamados de curvas de isodisponibilidade; dois conjuntos dessas curvas são mostrados na figura 6.7. Estas curvas de isodisponibilidade mostram o compromisso entre fiabilidade e capacidade de manutenção para uma dada disponibilidade.

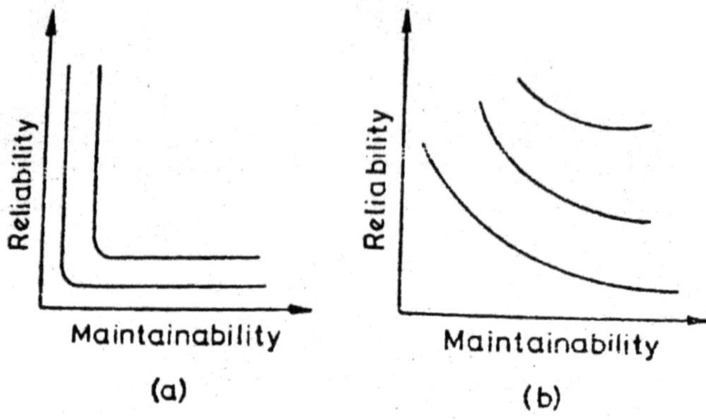

Figura 6.8

Na figura 6.8a, a zona de compromisso é limitada, enquanto na figura 6.8b a zona de compromisso é bastante considerável. De um modo geral, o problema consiste em obter a disponibilidade máxima para um determinado custo ou em obter a disponibilidade necessária ao menor custo.

Exemplo 6: Considere-se um sistema de componentes individuais que tem uma taxa de risco constante λ e um tempo médio de inatividade 1/μ. O sistema tem, portanto, um tempo médio até à falha de 1/λ. A probabilidade de o sistema estar disponível em qualquer altura pode ser escrita como

$$A = \frac{1/\lambda}{(1/\lambda)+(1/\mu)}$$

Se o rácio $\frac{Mean\ Downtime}{Mean\ Time\ to\ Failure} = \frac{\lambda}{\mu}$ é denotado por P, então $A = 1 / (1+P)$. Seja o custo associado à facilidade de manutenção □(μ) e o custo associado à fiabilidade φ(λ). O custo será então □(μ) + φ(λ). O problema é minimizar o custo total sujeito à condição de que o fator de disponibilidade tenha um valor definido, ou seja, sujeito à restrição

$$P = \lambda/\mu = (1 - A) / A.$$

Como se observou anteriormente, a fiabilidade do sistema pode ser aumentada aumentando o número de unidades redundantes. No entanto, um aumento da redundância resulta em custos mais elevados. O problema consiste, portanto, em estabelecer um compromisso ótimo entre a redundância, por um lado, e a melhoria da fiabilidade e da capacidade de manutenção dos componentes, por outro.

REFERÊNCIAS

1. A Kelly e M.J. Haris "Management of Industrial Maintenance", Butterworth and Co. (publishers) Ltd.
2. Higgin L.K e Moverow I.C "Maintenance Engineering Hand Book", Fourth Edituion, Mc Graw Hill Book Company, New York.
3. Dolores A Quinn "Computerized Maintenance Management Systems", Maintenance Technology Magazine, Vol4, abril de 1990.
4. Dr. A. Ramachandra e K.P. Ramachandran "Computerized Preventive Maintenance For Industris", Maintenance Journal, Vol-4, Jan-Mar 1993.
5. F. Chris Sautter, Patrick W. Jemison, Christopher M. Goes, Jerod M. Wooten "An Integrated Maintenance Management Information System is the Key to Enabling Condition Based Maintenance", IEEE 2008.
6. Tahir Zulkifli, Burhanuddin M A, Ahmad A R, Halawani Sami M e Arif Fahmi, "Improvement of decision making grid model for maintenance management in Small and Medium Industries", Conferência sobre Sistemas Industriais e de Informação, IEEE-2009.
7. Olanrewaju Abdul Lateef, Mohd Faris Khamidi e Arazi Idrus, "Building Maintenance Management in a Malaysian University Campuses: A Case Study", Australasian Journal of Construction Economics and Building, 2010.
8. S.H. Zulkarnain, E.M.A Zawawi, M.Y. A. Rahman e N.K.F. Mustafa, "A Review of Critical Success Fator in Building Maintenance Management Practice for University Setor", World Academy of Science, Engineering and Technology 53, 2011.
9. Jing Lin, Ghodrati B e Kumar U, "Casa da gestão da manutenção na indústria mineira", Conferência Internacional sobre Qualidade e Fiabilidade, IEEE-2011.
10. Faremi Julius Olajide e Adenuga Olumide Afolarin, "Evaluation of Maintenance Management Practice in Banking Industry in Lagos State, Nigeria", International Journal of Sustainable Construction Engineering & Technology, Volume3, Issue 1, 2012.
11. Ramachandra C G, T.R.Srinivas, Rishi J P e Virupaxappa B, "Vibration Monitoring of Blower In A Tyre Manufacturing Industry", International Journal of Advances in Engineering Research (IJAER) ISSN: 2231-5152 Volume-9, Issue-3, Mar-2015, Page No. 24-35.
12. P Rajendran e Dr. Prabhu B S, "Condition Monitoring and Condition Based Maintenance", AICTE Course Material, 1989.
13. Ramachandra C G e T R Srinivas, "Vibration Monitoring of Thread Line Mill in a Tyre Manufacturing Industry", Journal of Engineering Technological Research (JETR) ISSN: 2229-9262, Volume No.8, março de 2017 Página No.174-178.
14. Ramachandra C G, Rishi J P, T.R.Srinivas & Virupaxappa B, "Condition Monitoring Of Dump Mill Of A Banbury Machine", International Journal of Advances in Engineering Research (IJAER) ISSN: 2231-5152 Volume-9, Issue-1, Jan-2015, Page No. 32-39.
15. Robert Bond Randall, "Vibration-based Condition Monitoring", John Wiley & Sons, Ltd, 2011.
16. Clearence W De Silva, "Vibration: Fundamentals and Practice", Segunda Edição, CRC (Taylor & Fracis) 2006.

17. Nakajima, Seiichi, Introduction to TPM. Cambridge, Massachusetts: Productivity Press (1989).
18. Hartmann, Edward George, "Successfully Installing TPM in Non-Japanese Plant: Total Productive Maintenance. TPM Press", Springer-Verlag London, 1989.
19. Leflar, James A, "Practical TPM: successful equipment management at Agilent Technologies. Portland, produtividade, 2001.
20. Campbell, John Dixon; James V. Reyes-Picknell. Uptime:" Strategies for Excellence in Maintenance Management" (2ª Ed.). Cambridge, Mass: Productivity Press.
21. Boris, Steven. "Total Productive Maintenance (1ª Ed.)". Nova Iorque, Nova Iorque: McGraw Hill.
22. Seiichi Nakajima, "Introduction to TPM", McGraw Hill (International Editions) Book Company Singapore, 1991.
23. William m field, "Lean Manufacturing-Tools and Techniques and How to Use them" Prentice-Hall, 1995.

Printed by Books on Demand GmbH, Norderstedt / Germany